Zur Erinnerung an Deinen
50-igsten Geburtstag den 2. Dez. 1992. von

Kurt Braun.

Söllingen. im Dez. 1992.

Kurt Häfner

LANZ

Holzgas-, Raupen-, Nachkriegs-Bulldogs

von 1942 bis 1955

Das Lanz-Werk im Jahr 1945 – nach dem totalen Krieg.

Kurt Häfner

LANZ

Holzgas-, Raupen-, Nachkriegs-Bulldogs

von 1942 bis 1955

Franckh-Kosmos

Mit 232 Schwarzweiß- und 26 Farbabbildungen. Sie stammen, wenn nicht anders gekennzeichnet, aus dem Archiv der John-Deere-Werke, Mannheim, oder aus dem Archiv von Kurt Häfner.

Lektorat und Herstellung von Siegfried Fischer, Stuttgart

Umschlag gestaltet von Kaselow Design, München, unter Verwendung einer Aufnahme von Kurt Häfner: So wurde einst der hervorragend restaurierte 35-PS-Verkehrsbulldog im Jahre 1951 ausgeliefert. Heute schmückt er die Sammlung von Walter Enz. Mit diesem Bild grüßt der Autor seinen Freund Ludwig Pott.

CIP-Titelaufnahme der Deutschen Bibliothek

Lanz / Kurt Häfner. – Stuttgart : Franckh-Kosmos.
Bd, 1 im Verl. Rabe, Köln
NE: Häfner, Kurt [Mitverf.]
3. Holzgas-, Raupen-, Nachkriegs-Bulldogs von 1942 bis 1955. – 1990
ISBN 3-440-06067-5

ISBN 3-440-06067-5
Printed in Germany/Imprimé en Allemagne
Satz: Typobauer Filmsatz, Ostfildern
Druck und buchbinderische Verarbeitung:
Mainpresse Richterdruck, Würzburg

Inhalt

Teil 6
Holzgas-Bulldogs

Teil 7
Raupen-Bulldogs

Teil 8
Nachkriegs-Bulldogs

Sonderteil
Glühkopfschlepper, Nachbauten und Lizenz-Bulldogs

Ein Wort vorab

Liebe Leser,
sicher sind einige von Ihnen beim Vorliegen dieses neuen Lanz-Bulldog-Buches etwas erstaunt, daß es sich hier um den Band 3 handelt, war doch das erste im Jahre 1986 erschienene Buch „Lanz von 1952 bis 1962" damals ebenfalls als Band 3 bezeichnet. Nun, die Erklärung ist recht einfach.

Zunächst war geplant, die Epoche von 1928 bis 1955 in einem Band zu behandeln. Dies hätte jedoch zur Folge gehabt, daß das dann entstandene Buch einen Verkaufspreis von etwa DM 130,– notwendig gemacht hätte, wäre die gewohnte Ausführlichkeit beibehalten worden. Gerade dies wollte ich Ihnen, liebe Leser, nicht zumuten. Deshalb wurde der Weg der zwei Bände gewählt. Den ursprünglichen Band 3 erhalten Sie in Kürze in neuer und erweiterter Auflage als Band 4. Er wird ebenfalls im Franckh-Kosmos-Verlag oder bei mir direkt im K.M.H.-Verlag zu beziehen sein. Die Ankündigung erfolgt deshalb schon jetzt, um Ihnen Nachfragen bei mir oder beim Franckh-Kosmos-Verlag zu ersparen. Also, noch etwas Geduld – bald ist es soweit.

Das vorliegende Buch behandelt die Holzgas-Bulldogs, die Raupen-Bulldogs und die Nachkriegs-Bulldogs in allen Entwicklungsstufen und vor dem jeweiligen geschichtlichen Hintergrund. Außerdem findet sich zum Schluß noch ein Sonderteil über „Glühkopfschlepper, Nachbauten und Lizenz-Bulldogs".

Ein Bericht, der einmal deutlich werden läßt, wie viele Hersteller von Schleppern die Technik des legendären Bulldogs einfach kopiert oder auch nur zum Vorbild für ihr eigenes Produkt genommen haben.

Ein Bericht, der Licht in die Entwicklungsgeschichte vieler Schlepper-Hersteller der damaligen Zeit und bis teilweise in die fünfziger Jahre bringt, in einer Form und Ausführlichkeit, die bislang in keinem Buch zur Veröffentlichung kam. Er hätte es eigentlich verdient, in einem eigenen Buch zu erscheinen, und er wird sicher großes Interesse unter der Leserschaft finden.

Bei den Vorbereitungen für dieses Buch ist es mir gelungen, zwei kompetente und in der „Szene" hochgeschätzte Herren und Bulldog-Kenner als Autoren zur Mitarbeit zu gewinnen, die ihr fachliches Wissen für dieses Buch zur Verfügung gestellt haben. Ebenfalls kommen wieder mehrere ehemalige Lanz-Mitarbeiter zu Wort, sie berichten in eindrucksvoller Weise über die Geschehnisse der damaligen Zeit. Deshalb dürfen Sie, liebe Leser, auch diesmal wieder etwas Besonderes von dem neuen Buch erwarten. Hier geht es um den Lanz-Bulldog, seine Geschichte und die reichhaltige Typenvielfalt. Denn das vorliegende Buch wurde von einem Sammler für Sammler und Freunde alter Bulldogs und Schlepper geschrieben. Sollten Sie allerdings ein Geschichtsbuch oder gar ein Wirtschaftsbuch mit Aktiva, Passiva und dergleichen erwarten, so ist dieses Buch sicher nicht das Richtige, und Sie sollten es wieder auf die Seite legen!

Da die Herstellung eines Buches nur durch die Mitarbeit vieler Menschen möglich wird, möchte ich es auch diesmal nicht versäumen, mich bei allen Mitarbeitern zu bedanken, die zur Entstehung des Buches beigetragen haben. Mein besonderer Dank gilt all meinen Mitautoren für die harmonische Zusammenarbeit, ebenso den Mitarbeitern der John-Deere-Werke, die mir wieder einmal das Werksarchiv zur Verfügung stellten und mich in oft selbstlosem Einsatz unterstützt haben. Ebenso meiner Familie, die keine Anstrengung gescheut und auf viel gemeinsame Freizeit verzichtet hat, damit dieses Buch überhaupt erst möglich wurde.

Nicht vergessen möchte ich an dieser Stelle aber meine Leser. Vor allem jene, welche mir in zahllosen Schriften und Gesprächen immer wieder bestätigten, daß ich den richtigen Weg verfolge.

Kurt Häfner, im Februar 1990

Teil 6
Holzgas-Bulldogs

Holzgas, was ist das?

Eine Dokumentation von Klaus Borig

Bemerkung:

Die Entwicklung des Holzgas-Bulldogs fällt vorwiegend in die nationalsozialistische Periode unserer deutschen Vergangenheit. Daher legt der Verfasser ausdrücklichen Wert auf die Feststellung, daß die im folgenden dargelegten Daten, Fakten und Namen völlig wertfrei wiedergegeben werden.

Die älteren Leser werden sich sicherlich noch an die Kriegs- und Nachkriegsjahre erinnern, als der Holzgasgenerator bei PKWs, LKWs und Omnibussen, aber auch bei den Traktoren als treibstofferzeugendes Ungetüm in Verwendung war. Meist sind die Erinnerungen nicht gut, weil in Ermangelung geeigneten Holzes die Maschinen häufig streikten.

Aber die geschichtliche Entwicklung des Holzgases als Treibstoff ist wesentlich älter. Auf die jüngere Geschichte wird speziell am Beispiel des Bulldogs noch an späterer Stelle ausführlich eingegangen werden.

Als Anfang kann etwa die Zeit um 1850 angenommen werden, in der durch die industrielle Entwicklung der Gasmotor, quasi als Weiterentwicklung der Dampfmaschine, in Erscheinung trat. Es war damals schon seit längerer Zeit das sogenannte Gichtgas bekannt, das im Hochofen entsteht, in dem mit Hilfe von Koks und eingeblasener Heißluft das Eisen aus dem Erz geschmolzen wird. Als Abfallprodukt entsteht dieses Gichtgas, das gut brennbar ist und schon um 1800 zu Heizzwecken eingesetzt wurde. In gereinigter Form wurde es später auch zum Antrieb von Gasmotoren verwendet.

Auf der Suche nach anderen festen Treibstoffen ging dann die Entwicklung in Richtung von Gas-Erzeugern, die aus allen möglichen festen Materialien brennbare Gase erzeugen sollten. Es entstanden zunächst ortsfeste Anlagen für Heizzwecke. Von ihrer Funktionsweise waren alle diese Gasgeneratoren mit dem Hochofen stark verwandt.

Als Feuerungs- bzw. Vergasungsgut wurden schon damals Holzkohle, Braunkohle, Steinkohle, Torf und Holz verwendet, wobei dann später noch Koks und Anthrazit hinzukamen.

Ein wesentlicher Schritt in der Weiterentwicklung erfolgte dann fast gleichzeitig in England und Frankreich, wo die ersten Versuche mit Sauggas-Erzeugern noch vor der Jahrhundertwende erfolgten. Die Anwendung war jedoch immer noch auf ortsfeste Anlagen begrenzt, und man dachte noch nicht an einen größeren Einsatz bei Fahrzeugen. Auch hier waren es unsere europäischen Nachbarn wie England, Frankreich und Italien, die dann die ersten Versuche in Richtung des mobilen Betriebes unternahmen. Die Überlegungen waren jedoch auf ihre kolonialen Bedürfnisse ausgerichtet, weil in den unterentwickelten Ländern eine Versorgung mit flüssigen Kraftstoffen nicht gegeben war.

In Deutschland schenkte man dieser Kraftstoffart jedoch zu dieser Zeit nicht die entsprechende Aufmerksamkeit, da die Versorgung mit Benzin noch sichergestellt war. Außerdem kam dann zusätzlich der Dieselmotor hinzu, was eventuelle Probleme der Versorgung noch verringerte. Die Denkweise änderte sich jedoch abrupt durch den Verlauf des Ersten Weltkrieges, als Verknappungen bei der Versorgung mit flüssigen Kraftstoffen eintraten. Man machte sich nun Gedanken über Ersatztreibstoffe, die jedoch nach Ende des Krieges und dem Aufleben ausreichender Versorgung wieder in der Versenkung verschwanden. Auch hier waren es dann wieder unsere Nachbarn, vornehmlich Frankreich, die die Weiterentwicklung von Fahrzeuggeneratoren vorantrieben. Bereits Anfang der zwanziger Jahre fanden dort Wettbewerbsfahrten mit Sauggasfahrzeugen statt, die Holzkohle und auch Anthrazit tankten. In größerem Rahmen konnte sich jedoch diese billigere, aber wesentlich umständlichere Art des Treibstoffes noch nicht durchsetzen, da so manche Anlagen mit erheblichen Unzulänglichkeiten behaftet waren.

Erst in den dreißiger Jahren wurde speziell in Deutschland die Entwicklung von Gasgeneratoren erheblich vorangetrieben, sie wurde zunächst mit Deviseneinsparungen für einzuführendes Erdöl begründet. Damit wurde aber das eigentliche Ziel vorerst nur vertuscht. Unter der Propaganda der Verwendung heimischer Treibstoffe gelangte die weitere Entwicklung innerhalb kürzester Zeit zu einer relativ hohen Ausgereiftheit. Man stützte sich zunächst auf Kohle und Holz, beschränkte sich jedoch bei den weiteren Verfeinerungen in den folgenden Jahren auf Holz, weil die Probleme mit den Generatoren auf Kohlebasis zunächst erheblich größer waren.

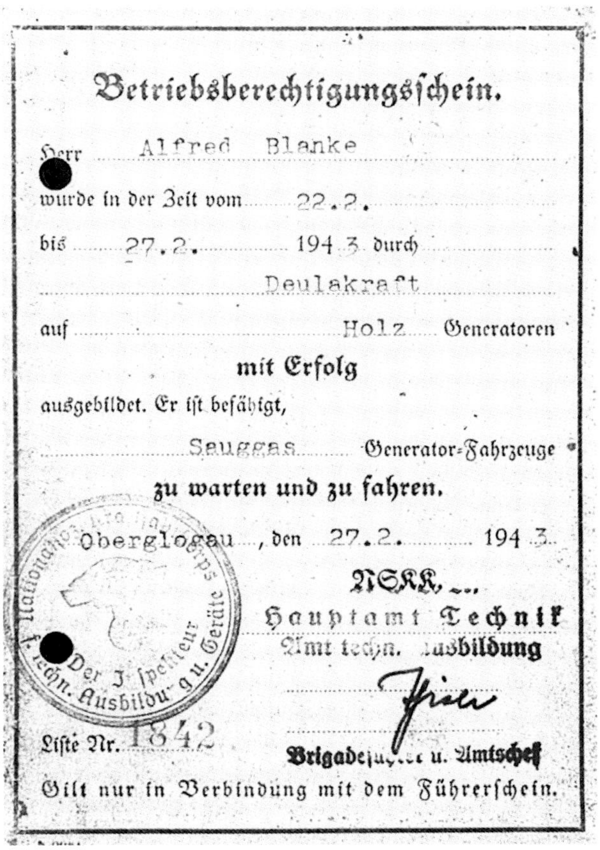

Betriebsberechtigungsschein.

Herr Alfred Blanke
wurde in der Zeit vom 22.2.
bis 27.2. 1943 durch
Deulakraft
auf Holz Generatoren
mit Erfolg
ausgebildet. Er ist befähigt,
Sauggas Generator-Fahrzeuge
zu warten und zu fahren.
Oberglogau, den 27.2. 1943.
NSKK, ...
Hauptamt Technik
Amt techn. Ausbildung
Liste Nr. 1842
Brigadeführer u. Amtschef
Gilt nur in Verbindung mit dem Führerschein.

Betriebsberechtigungsschein von 1943.

Den Stand der Technik dokumentierte man bereits 1933 und 1935 mit Prüfungsfahrten unter dem Namen „Versuchsfahrten mit heimischen Treibstoffen". Bemerkenswert ist die Tatsache, daß hier zunächst nur Lastkraftwagen verwendet wurden. Erst spater erfolgte dann auch der Einsatz bei landwirtschaftlichen Zugmaschinen. Das Reichskuratorium für die Technik in der Landwirtschaft erarbeitete zusammen mit dem Reichsamt für Wirtschaftsaufbau die systematische Entwicklung eines Einheitsgenerators für landwirtschaftliche Schlepper. Dem folgte dann eine landesweite Schulung und Ausbildung der künftigen Fahrer von Fahrzeugen mit Generatorbetrieb durch das „NSKK". Diese Ausbildung wurde dann auch später von „DEULAKRAFT" (Deutsche Landkraftführerschulen) durchgeführt.

Es war eindeutig die Absicht zu erkennen, unter allen Umständen die flüssigen Kraftstoffe für die Kriegsverwendung freizumachen. Dies wurde 1942 noch deutlicher, als die bereits zentralisierte Entwicklung der Gasgeneratoren dem Generalbevollmächtigten für Rüstungsaufgaben unterstellt und eine neue Zentralstelle für Generatoren geschaffen wurde.

Aber nicht nur in Deutschland, sondern in nahezu allen vom Krieg mittelbar oder unmittelbar betroffenen Ländern wurde an dem Problem der Ersatztreibstoffe aus Gasgeneratoren gearbeitet. Die Entwicklungen liefen nahezu parallel, wobei jedoch Unterschiede, abhängig vom Vorkommen der Rohstoffe, gemacht werden mußten. In Holland war es vorwiegend Torf, in Rußland sogar Stroh.

In den ersten Nachkriegsjahren war der Holzgaser zumindest bei den Nutzfahrzeugen noch in Verwendung, verschwand aber nach der Währungsreform recht schnell.

Im heutigen Umdenkungsprozeß gegenüber nicht mehr nachwachsenden Rohstoffen dürfte dieser Treibstoffart eine Renaissance beschieden sein, wobei jedoch umfassende Verbesserungen nötig sind. Es wird übrigens schon daran gearbeitet.

Gaserzeuger-Generatoren

Wie bereits erwähnt, weist der Gaserzeuger eine große Verwandtschaft mit dem Hochofen auf. Alle Vergasungen haben das Ziel, aus einem festen Material brennbare Gase zu erzeugen, die als Energieträger zum Antrieb von Verbrennungsmotoren verwendet werden können.

Unter Vergasung ist ein physikalisch-chemischer Vorgang zu verstehen, bei dem eine geringere

Links der Hochofen als Gaserzeuger, rechts der Fahrzeuggenerator.

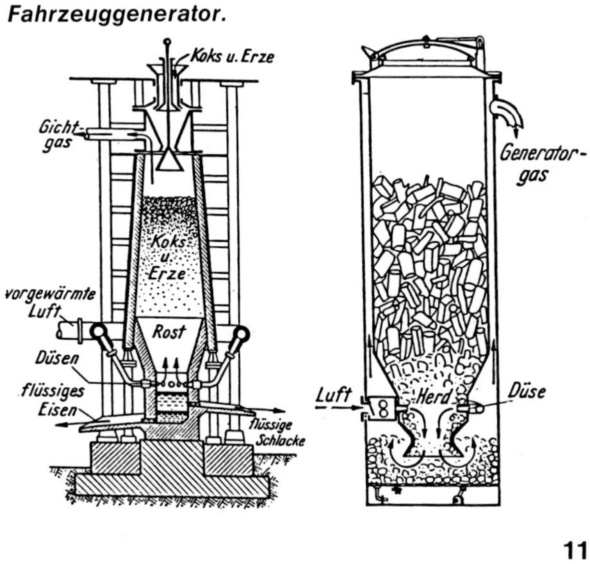

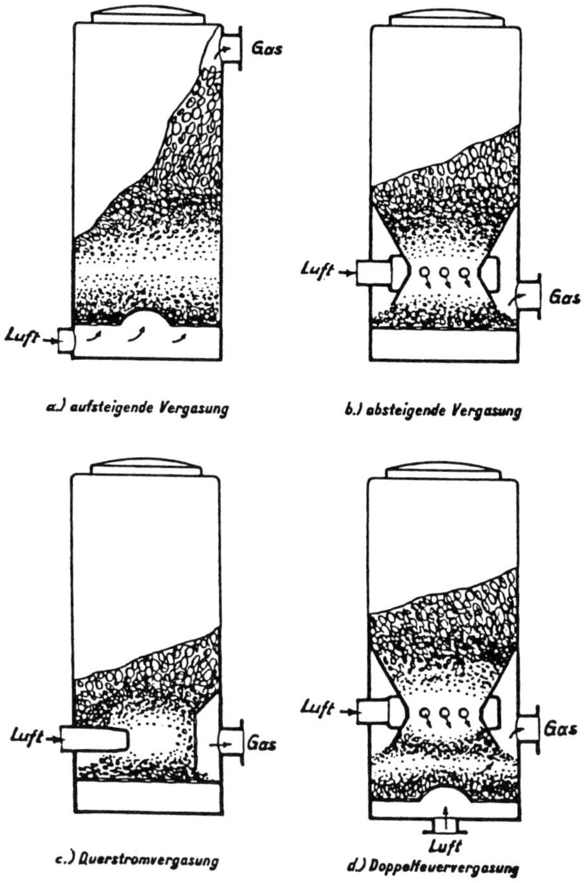

Schematische Darstellung der vier verschiedenen Vergasungsarten.

Luftmenge zugeführt wird, als zu einer vollständigen Verbrennung notwendig ist. Das Produkt ist dann ein mehr oder weniger brennbares Gasgemisch sowie diverse Rückstände.

Der Vergasungsprozeß kann sowohl in Druck- als auch Sauggas-Erzeugern stattfinden, wobei nur die letzteren für Fahrzeuge von Bedeutung sind. Diese Sauggas-Erzeuger untergliedern sich wiederum in vier verschiedene Gruppen.

Die Bezeichnung der Vergasungsarten steht also in unmittelbarem Zusammenhang mit der Führung der Luft- bzw. Gaswege. Von Bedeutung waren nur die auf- und die absteigende Vergasung. Bei der absteigenden Vergasung werden alle teerhaltigen Brennstoffe verarbeitet, da die Teerdämpfe hier in nicht kondensierbare Gase umgewandelt (verkrackt) werden.

Die anderen teerfreien bzw. teerarmen Brennstoffe werden aufsteigend vergast.

Allen diesen Vergasungsarten ist gemeinsam, daß der Kraft-(Brenn-)stoff aus dem Vorratsbereich kontinuierlich in den Vergasungsbereich eintritt. Hierbei wird er allmählich auch auf die Temperatur der Feuerungszone gebracht. Zuvor entweichen jedoch bereits die flüchtigen und verdampfbaren Anteile. Es gelangt also nur noch geschwelter Kraftstoffkoks in den Vergasungsbereich. Die weiteren Vorgänge dort sind dann bei allen Ausführungen gleich.

Durch die Vereinheitlichung und Zentralisierung der damaligen Entwicklungen wurden für alle Firmen einheitliche Bezeichnungen festgelegt, und zwar HB-Generator für die absteigende und AK-Generator für die aufsteigende Vergasung.

Schemazeichnung der chemischen Vorgänge im HB-Generator.

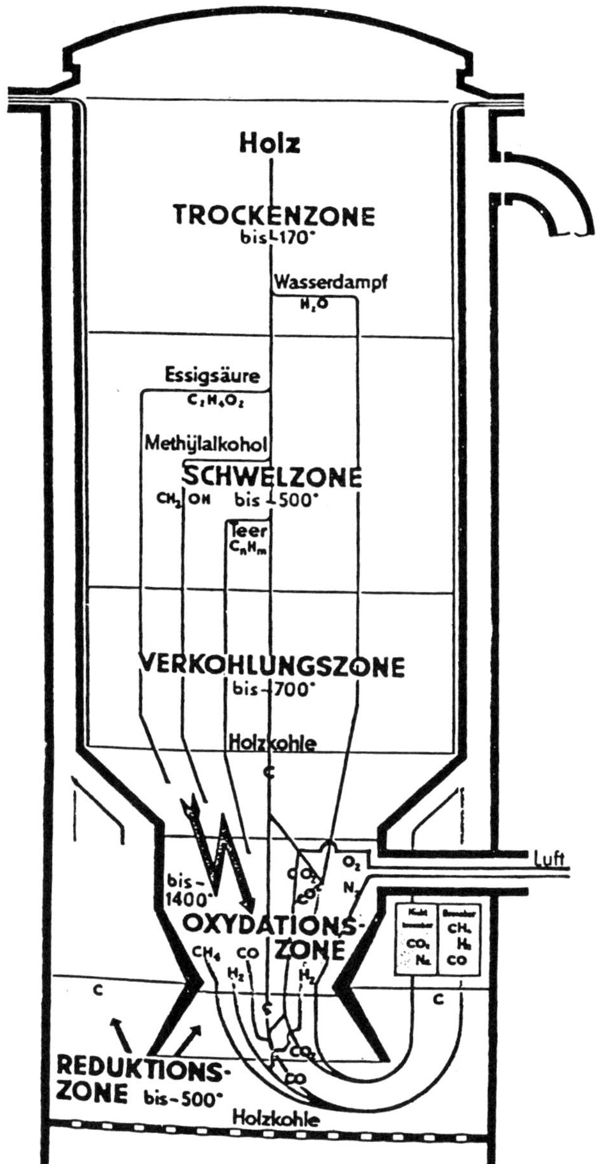

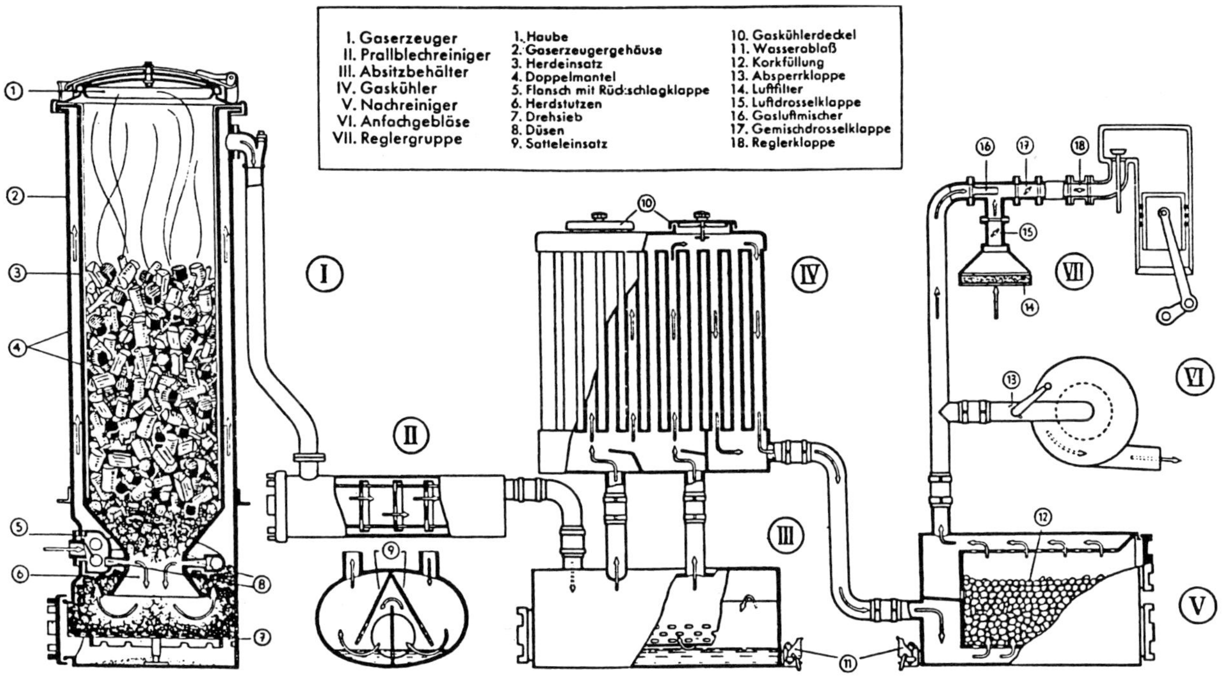

Prinzipielle Darstellung einer Holzgasanlage.

Als typisches Merkmal ist hier auf die Verengung der Feuerzone im Raum der Luftzufuhr hinzuweisen. Damit wird in diesem Bereich die Luftgeschwindigkeit erhöht, wodurch eine relativ heiße Glutzone entstehen kann. Diese ist von besonderer Wichtigkeit, da dadurch die Teeranteile in den gasförmigen Zustand umgewandelt werden.
Für die spätere Betrachtung des Holzgas-Erzeugers beim Lanz-Bulldog kann also schon hier festgestellt werden, daß es sich um einen HB-Generator handelt.
Bislang wurde in diesem Abschnitt nur von den eigentlichen Gas-Erzeugern gesprochen. Eine vollständige Anlage besteht aber aus wesentlich mehr Teilen.
Grundsätzlich sind hier vier verschiedene Funktionsbereiche der Anlage zu unterscheiden. Dies sind:

a) Gaserzeuger (Kessel)
b) Reiniger (mehrfach)
c) Gaskühler
d) Gasluftmischer und Regler

Schon aus dem technischen Umfang ist ersichtlich, daß das A und O einer solchen Anlage die Gasreinigung und Kühlung ist. Bei der Reinigung ist ein nicht unerheblicher Aufwand zu treiben, da möglichst alle staubförmigen Anteile herauszufiltern sind, um eine innere Verschmutzung der Motoren zu vermeiden. Ebenso ist die Gaskühlung von besonderer Wichtigkeit, da das Gas den Gaserzeuger mit einer Temperatur von ca. 300° C verläßt und bei dieser Temperatur eine nur geringe Volumendichte hat, d.h. eine schlechte Füllung der Zylinder ergeben würde. Aber nicht nur aus diesem Grund ist das Gas zu kühlen, sondern auch um bei der Abkühlung die damit verbundene Kondensation von dampfförmigen Bestandteilen wie z.B. Wasser und Teer zu bewirken.
Der eigentliche Vorgang im Gas-Erzeuger selbst ist ein recht umfangreicher Prozeß. Man unterscheidet zunächst mehrere Zonen, die das Feuerungsgut durchwandert.
Es sind dies:

a) Trockenzone bis ca. 170° C
b) Schwelzone bis ca. 500° C
c) Verkohlungszone bis ca. 700° C
d) Oxidationszone bis ca. 1400° C
e) Reduktionszone bis ca. 500° C

Hierbei finden umfangreiche chemische Vorgänge statt, die bei genauerer Betrachtungsweise den Umfang dieser Abhandlung sprengen würden. Deshalb soll nur auf das Produkt am Ausgang des Gaserzeugers eingegangen werden. Hier sind es dann zwei Arten von Gemischen, die brennbare und die unbrennbare Anteile enthalten.

Brennbar sind:

a) Kohlenoxid
b) Wasserstoff
c) Kohlenwasserstoffgase
(Methan und Ethylen)

Nicht brennbar sind:

a) Stickstoff
b) Kohlendioxid

Je nach Belastungszustand und Qualität des zu vergasenden Materials schwanken diese Anteile, und es kann von einer überschlägigen Zusammensetzung des Gasgemisches wie folgt ausgegangen werden:
Kohlenoxid 20–30 (23) %, Wasserstoff 10–25 (18) %, Methan 0–4 (2) %, Stickstoff 45–60 (47) %, Kohlendioxid 2–15 (10) %.
Die Angaben in Klammern beziehen sich auf den Mittelwert.
Hieraus ist zu ersehen, daß der Anteil der brennbaren Gase nur etwa die Hälfte beträgt.
Eine wesentliche Eigenschaft stellt der Heizwert des Gasgemisches dar, der im Vergleich zu den flüssigen Brennstoffen um ca. 30 bis 40 % geringer ist. Demzufolge muß mit einer erheblichen Leistungseinbuße gerechnet werden. Außerdem kommt die charakteristische schlechtere Zündfähigkeit bzw. Zündwilligkeit des Generatorgases hinzu. Ein weiterer Faktor ist der Füllungsgrad des Motors, der vom Strömungswiderstand in den Rohrleitungen und im Generator abhängig ist und dadurch einen Unterdruck in der Anlage entstehen läßt.
Zur Verdeutlichung dieser Problematik sollen die beiden untenstehenden Diagramme dienen.
Vergast wurden alle vorkommenden Holzarten wie Birke, Buche, Eiche, Erle, Fichte, Kiefer und Tanne allein, besser aber gemischt vom Abfallholz bis zum Knüppelreisig, in der Idealform von Streichholz- bis Faustgröße. Dies bedeutete, daß das Holz als sogenanntes Tankholz bearbeitet und auf die richtige Größe zerkleinert werden mußte.
Der untere Heizwert des Gasgemisches lag etwa bei 1200–1400 kcal/m^3 und bedurfte eines Mischungsverhältnisses mit Luft von 1 : 1 bis 1 : 1,2. Daraus entstand dann ein Gemisch-Heizwert von 580 bis 630 kcal/m^3.
Der gewonnene Ersatz brachte folgende Leistungsbilanz:

2 bis 2,5 kg Holz ersetzten 1 l Benzin
3 bis 3,5 kg Holz ersetzten 1 kg Dieselöl
0,8 bis 1 kg Holz erzeugten 1 PS-Stunde
1 kg Holz ergaben 2,5 m^3 Holzgas

Betrachtet man nun alle diese vorstehenden Faktoren, so wird die Problematik erst richtig deut-

Der Leistungsverlust in Abhängigkeit von der Gemischtemperatur.

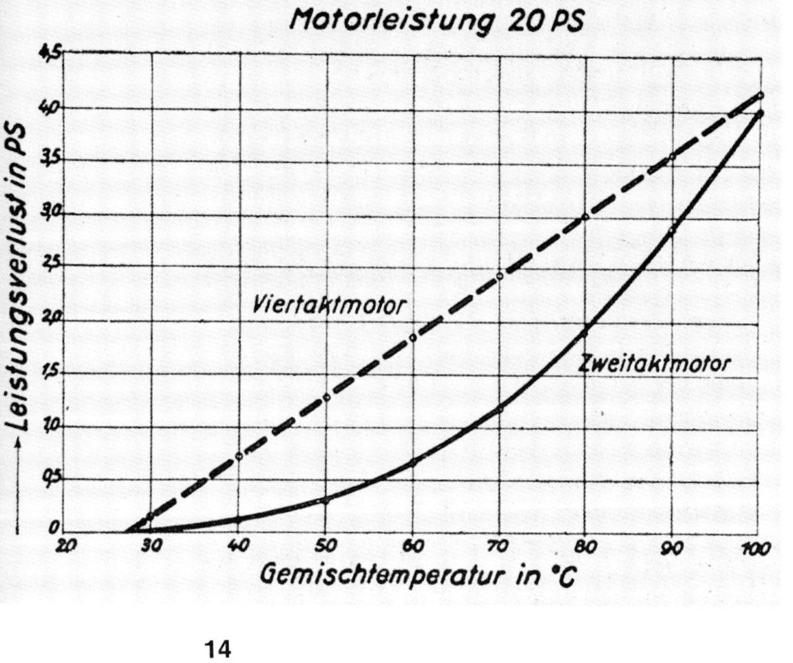

Der Liefergrad der Kurbelkastenpumpe – hier beim 25-PS-Bulldogmotor – in Abhängigkeit vom Ansaugunterdruck bei 750 U/min^{-1}.

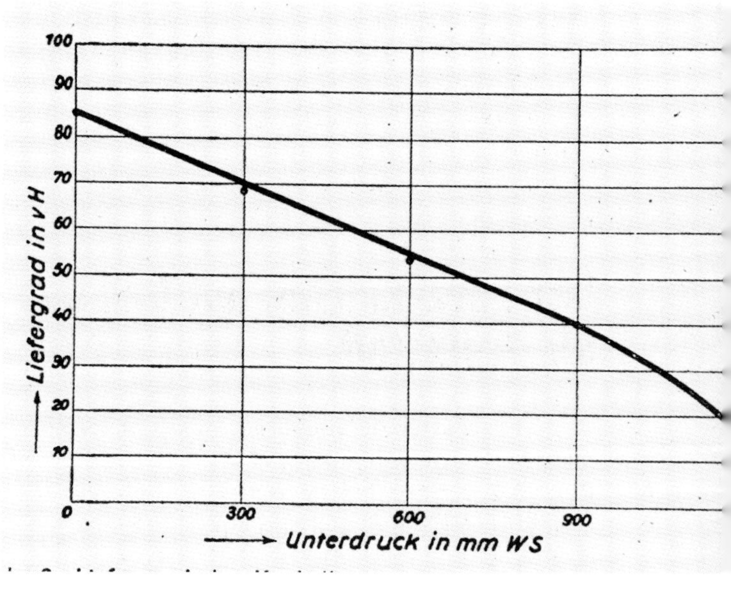

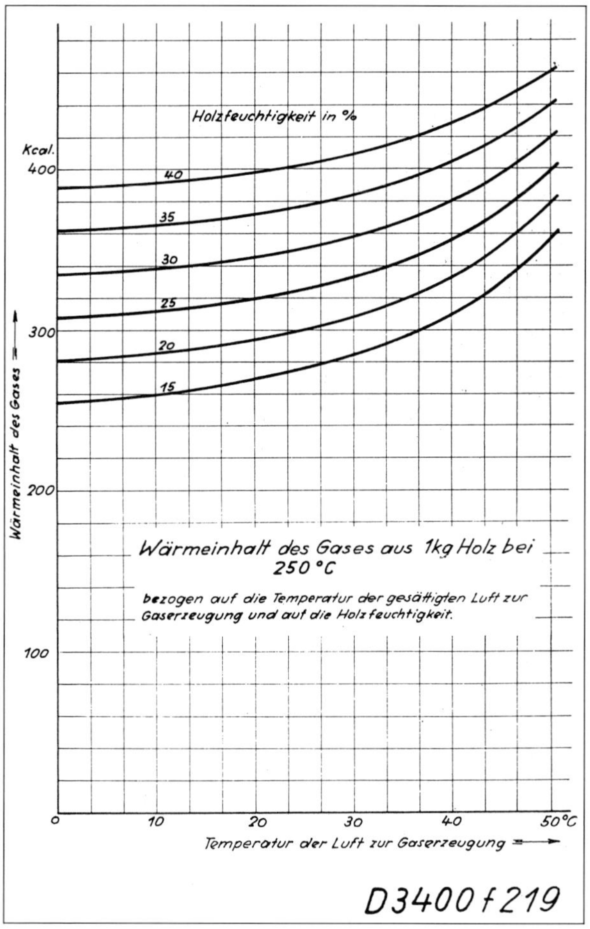

Der Wärmeinhalt des Gases aus 1 kg Holz bei 250°.

lich, unter welch immensen Hürden das Holzgas zum Antrieb von Motoren zur Anwendung kam. Wenn man dann auch noch die wirtschaftlichen, aber auch politischen Zwänge der damaligen Zeit berücksichtigt, so mutet es schier unmöglich an, daß dies alles technisch realisiert werden konnte. Daß es dennoch machbar war, soll im folgenden am Beispiel des Lanz-Bulldogs bewiesen werden.

Der Lanz-Bulldog mit Holzgas als Treibstoff

So optimistisch und souverän, wie die nebenstehende Anzeige vermitteln will, war die Situation in Wirklichkeit nicht. Man war zwar damals die absolute Nummer Eins bei den landwirtschaftlichen Maschinen und man konnte sich auch eine Art Erhabenheit leisten. Aber hinter den Kulissen sah es völlig anders aus. Die zwangsweise auferlegte Umstellung auf Holzgas brachte schier unlösbare Probleme mit sich. Dies war jedoch nicht nur im Hause Lanz so, auch alle anderen Motorenhersteller hatten die gleichen Sorgen.

Aber zunächst zum chronologischen Ablauf der Entwicklungs-Geschichte des Holzgasantriebes bei Lanz.

Wie bereits im vorhergehenden Abschnitt angedeutet, wurden schon in den dreißiger Jahren Versuche und auch ein praktischer Betrieb von Holzgas-Fahrzeugen unter dem Motto „heimische Treibstoffe" durchgeführt. Unter den damaligen politischen Voraussetzungen und den nationalen Emotionen wurde dies mit „Begeisterung" gemacht.

Im Hause Lanz ging es dann im Jahre 1936 mit den ersten Versuchen richtig los. Zunächst wurden Hansa-Gaserzeuger installiert, die eine 25-PS-Maschine versorgten, aber auch verschiedene ortsfeste Bulldogmotoren antrieben.

Die Zuführung des Gas-Luft-Gemisches erfolgte

So warb Lanz seinerzeit für den Holzgas-Bulldog.

über den normalen Luftklappensitz durch die Spülpumpe des Kurbelgehäuses in den Brennraum des Motors. Eine konstruktive Veränderung der Motorenteile fand zu diesem Zeitpunkt noch nicht statt, sondern es wurde mit normalen Gasöl-Glühkopfmotoren gearbeitet.

Die ersten Ergebnisse waren zwar zufriedenstellend, aber man mußte sich zunächst mit erheblichen Leistungseinbußen abfinden. Ein wesentlich größeres Problem tauchte durch die starke Verschmutzung des Kurbelgehäuses auf. Bereits nach einer Betriebszeit von etwa 30 Stunden hatte sich eine etwa 10 mm starke Schicht an den Innenwänden des Gehäuses gebildet, die einen seifen- bzw. pastenartigen Charakter hatte. Dies bedeutete, daß sich das Schmieröl veränderte und diese „Schmiere" auch in allen Lager- und sonstigen Schmierstellen anzutreffen war. Besonders der Ölschleuderring an der Kurbelwelle war betroffen, wodurch die Ölzufuhr zum Pleuellager unterbrochen wurde. Dies führte unweigerlich zu kapitalen Pleuellagerschäden. Die Ursache fand man in feinen Staub- und Kohlepartikeln, die wegen ungenügender Filterung in das Kurbelgehäuse gelangten und sich dort mit dem Öl vermengten.

Parallel zu den Versuchen am eigenen Motor wurden Studien an dem damals so populären DKW-Motor durchgeführt, um Rückschlüsse auf das Verhalten des Zweitakters ziehen zu können. Aber auch Fremdmotoren von MAN, Deutz, Ford und Kämper wurden untersucht, die als Viertakter schon damals zufriedenstellend mit Holzgas arbeiteten. Es wurden sogar nötige Konstruktionsänderungen für den Einbau dieser Motoren in den Bulldog vorgenommen, jedoch nicht über das Planungsstadium hinaus verfolgt. Bemerkenswert ist es aber schon, daß trotz früherer Erfolge und Tradition derartige Gedanken überhaupt angestellt wurden.

Im Jahr 1937 erhielt Lanz erstmalig den offiziellen Auftrag zur Umstellung auf Holzgasbetrieb, und um so unerklärlicher erscheint es im nachhinein, daß die Versuche 1938 zunächst wegen noch mangelnder Dringlichkeit abgebrochen wurden.

Aufgrund der politischen Entwicklung und des Beginns des Zweiten Weltkrieges wurden die Versuche im September 1939 wieder aufgenommen. Allerdings unter völlig neuen Vorzeichen und Erfolgszwang, da die flüssigen Treibstoffe für den Kriegseinsatz dringend benötigt wurden. Für die Landwirtschaft und damit die Sicherstellung der Nahrungsproduktion wurde nun aus der Phrase vom „heimischen Treibstoff" bitterer Ernst.

Die in den Vorjahren gewonnenen Erkenntnisse wurden weiter ausgearbeitet und zusätzliche Untersuchungen angestellt. Das Problem der Kurbelkammerverschmutzungen konnte durch Verbesserung der Gasreinigung unter Verwendung von Glaswollefiltern wesentlich entschärft werden.

Man arbeitete zunächst nach dem Zweistoffverfahren, d.h. es wurden geringe Mengen von flüssigem Kraftstoff eingespritzt, um den Verbrennungsvorgang des zündträgen Holzgases einzuleiten. Der Anteil von flüssigem Kraftstoff konnte in den folgenden Jahren immer weiter reduziert werden, wobei die Menge dann so gering wurde, daß sie nicht einmal mehr für den Leerlauf ausreichte.

Im Bestreben nach weiteren konstruktiven Verbesserungen zum sicheren Betrieb wurden nicht nur mit Imbert-Gaserzeugern Versuche durchgeführt, sondern parallel hierzu auch Versuche mit den Generatoren der damals führenden Hersteller Hansa, Gustloff und Rau vorgenommen. Aber auch an einer eigenen Entwicklung wurde gearbeitet. Letztlich fiel jedoch die Entscheidung, die Imbert-Anlage zu verwenden.

Bis ins Jahr 1939 arbeitete man noch mit der Gaszuführung über das Kurbelgehäuse, wobei das Problem einer befriedigenden Reinigung noch nicht ganz gelöst war. Zur besseren Ausnutzung des Holzgases erhöhte man den Verdichtungsdruck von 8,5 auf 12,5 atü und versuchte, die Form des Glühkopfes der veränderten Charakteristik des neuen Treibstoffes anzupassen.

Der Anbauort des Gaserzeugers brachte auch eine nicht geringe Anzahl von Problemen mit sich. Eine seitliche Anordnung sowohl links als auch rechts war wegen des Mähwerks und auch der Riemenscheibe hinderlich. Das Heck schied wegen der Anhängemöglichkeit und wegen des Zapfwellenantriebes aus. Es blieb somit nur noch der Platz vor der Vorderachse. Bei einem Gewicht des Gaserzeugers von etwa 500 kg einschließlich Füllung, sowie der Nebenaggregate (wie Gasreiniger und -Kühler) wurden die Maschinen kopflastig, und es mußten geeignete Maßnahmen zur Gewichtsentlastung getroffen werden. Dies konnte zum Teil durch Wegfall der Vorderradgewichte erzielt werden, aber auch durch gezieltes Abspecken der Gußnaben. Außerdem wurde die

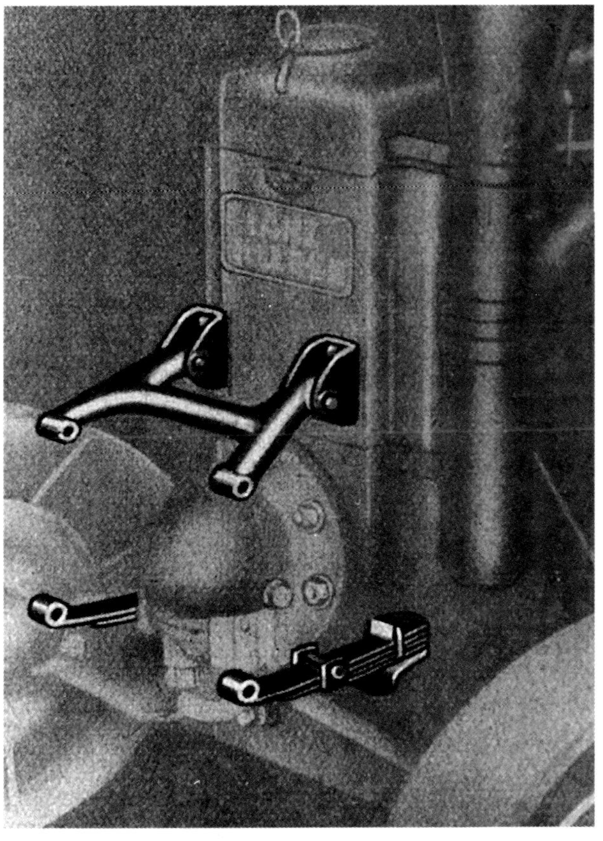

Federnde Aufhängung der Gaserzeuger-Baugruppe.

Anhängeschiene höher gesetzt, wodurch der Drehpunkt verändert wurde. Bei den eisenbereiften Maschinen wurden auch die Vorderräder verbreitert und somit die Auflagefläche vergrößert, um das Einsinken bei weichen Böden zu vermindern. Bei den ersten Fahrversuchen, die parallel zu den stationären Untersuchungen liefen, kam dann die nächste Überraschung. Bereits nach drei Stunden verringerte sich die abgegebene Leistung der Maschine erheblich, um dann nach etwa sieben bis acht Stunden auf nahezu Null abzufallen, da fast kein Gas mehr angesaugt werden konnte. Die Ursache war schnell gefunden. Durch Erschütterungen wurden die Glut im Herd des Gaserzeugers und das Holzkohlebett derart verrieben, daß keine Zwischenräume mehr vorhanden waren und somit kein Luft- bzw. Gasdurchgang mehr möglich war.

Bedingt durch die damaligen Höchstgeschwindigkeiten von weniger als 20 km/h wurden Ackerschlepper mit ungefederten Vorder- und Hinterachsen geliefert. Da man die Gaserzeuger zunächst starr mit dem Rumpf der Maschinen verband, übertrugen sich alle senkrechten und seitlichen Stöße im unwegsamen Gelände unmittelbar auf den Gaserzeuger.

Hierauf wurden Versuche mit unterschiedlichsten Aufhängungen angestellt, die dann eine dop-

Einer der Versuchs-Bulldogs.

Details eines anderen Versuchs-Bulldogs.

pelte Federung als Optimum ergaben. Zunächst wurde der Gaserzeugerkessel mit einer verdrehungssicheren Schwinge am Steigrohr befestigt und auf zwei Blattfedern gesetzt, die unterhalb des Motorblockes eingespannt wurden und nach vorne bis über den Kopf hinausragten. Zusätzlich ersetzte man die starre Vorderachse durch eine gefederte Ausführung.

Besondere Bedeutung hatte nun die flexible Rohrleitung zwischen dem beweglichen Gaserzeuger und dem starren Rumpf der Maschine, weil sie wesentlich höheren Beanspruchungen standhalten mußte.

Für die Versuche wurden eigens Maschinen in allen möglichen Varianten umgebaut, um praktische Studien vornehmen zu können.

Das Bild des Versuchsbulldogs läßt deutlich erkennen, wie schwierig es war, die nötigen Zusatzaggregate an einer bereits fertigen Maschine nachträglich unterzubringen. Bei den später gelieferten Nachrüstsätzen für den Umbau von Gasöl- auf Holzgasbetrieb tauchten diese Probleme wieder auf.

Ein Meilenstein in der Holzgasentwicklung im Hause Lanz und eine damit verbundene positive Wende brachte die Erfindung der Gasschleuse. Sie war Ende 1939, Anfang 1940, soweit es heute noch zu rekonstruieren ist, keine völlige Eigenleistung von Lanz, sondern ein Gemeinschaftsprodukt zusammen mit der Firma Imbert und der Technischen Hochschule Dresden.

Vor allem wurden damit die Schwierigkeiten der Verschmutzung des Kurbelgehäuses schlagartig gelöst, da das Gasgemisch bei normalem Betrieb gar nicht mehr dorthin gelangte.

Was war nun das Revolutionierende an dieser Gasschleuse?

Zunächst wurden die Überströmkanäle vom Kurbelgehäuse zum Zylinder verschlossen und statt dessen neue Einlaßkanäle von außen mit dem Zylindergehäuse verbunden.

Auf diese wurde nun die Gasschleuse gesetzt, die mit der Kurbelgehäuse-Ladepumpe über einen Kanal verbunden war und von der anderen Seite das Gasgemisch ansaugte. Das Besondere an der Sache war, daß das Volumen der Gasschleuse über 30 % größer war als das Hubvolumen des Motors. Dadurch wurde eine geringere Menge angesaugt, als das gesamte Volumen ausmachte. Somit gelangten verunreinigende Holzgase weder in das hintere Drittel der Gasschleuse noch in das Kurbelgehäuse. Nach dem Verdichtungshub der Spülpumpe und dem Öffnen der Spülschlitze strömte das Gasgemisch in den Zylinder. Dabei war die Überströmgeschwindigkeit größer als die Ansauggeschwindigkeit, so daß alle Staub- und Holzkohlepartikel mitgerissen und im Zylinder verbrannt wurden. Die Schadstoffe konnten sich folglich nicht mehr ablagern. Die Rückschlagklappen wurden nicht unmittelbar an den Schlitzen angeordnet, damit während des Öffnungs- und Schließvorganges in die Schleuse austretendes Öl nicht bis zu den Klappen gelangen konnte. Eine weitere Verunrei-

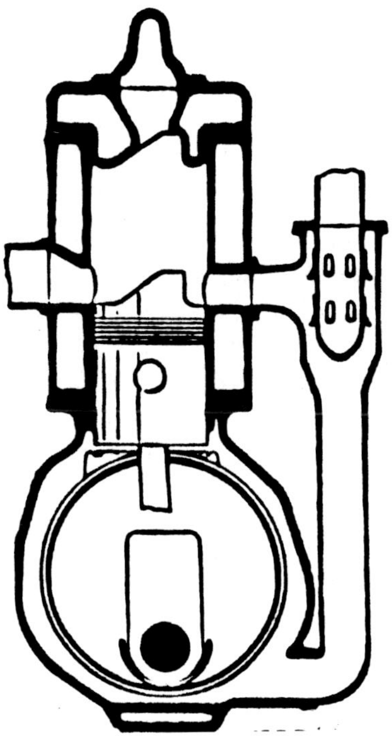

Das Prinzip der Gasschleuse.

nigungsmöglichkeit war damit erheblich vermindert, weil austretendes Öl beim nächsten Ansaughub wieder in den Zylinder gesaugt wurde.
Die Versuche mit den Holzgasanlagen zeigten einen Leistungsverlust von 30% gegenüber dem Betrieb mit Gasöl. Dies hatte mehrere Ursachen. Hauptsächlich war es auf den wesentlich niedrigeren Gemischheizwert zurückzuführen. Aber auch auf die ungünstigere Füllung des Zylinders mit Gasgemisch, das ja auch, wie bereits erläutert, eine wesentlich geringere Flamm- bzw. Durchbrenngeschwindigkeit hatte. Um diese Verluste einigermaßen auszugleichen, wurde durch den Einbau sogenannter Verdränger an der Kurbelwelle der Unterdruck im Kurbelgehäuse erhöht. Dies waren Blechkörper, die die Aufgabe hatten, den „Toten Raum" zu verringern. Anfänglich deformierte oder zerstörte der Verdichtungsdruck die konstruktiv ungenügend ausgelegten Verdrängerteile.
Die Untersuchungen mit der Gasschleuse wurden trotz der Einsatzfähigkeit der vorliegenden Konstruktion weitergeführt. Man machte weitere Versuche mit getrennter Gas- und Luftführung, verschiedenen Einlaßvarianten mit gesteuerten und ungesteuerten Ventilen und auch mit Aufladung durch Abgasturbolader. Weitere fortschreitende Studien machten der Krieg und seine Auswirkungen unmöglich.
Wie funktionierte nun ein solcher Holzgas-Bulldog?
Die schematischen Darstellungen auf den beiden folgenden Seiten sind absichtlich zusammen abgebildet, um die einzelnen Unterscheidungsmerkmale genauer vergleichen zu können.
Allen gemeinsam ist zunächst die Art der absteigenden Vergasung, d.h. das Gas wird von oben nach unten durch das Glutbett hindurch gesaugt. Durch den doppelwandigen Kessel wird es seitlich oben abgeführt und durch eine Rohrleitung weitergeleitet.
Das Bild Seite 20 oben zeigt die Wirkungsweise der Zweistoff-Maschine mit Gasschleuse. Hier gelangt das Gas vom Generator zunächst in den ersten Absitzbehälter oder auch Vorreiniger. Anschließend in den zweiten, dann in den dritten Absitzbehälter. In den drei Behältern erfolgt eine Reinigung und Kondensation. Von hier wird das Gas dann dem eigentlichen Gaskühler zugeführt, der im Luftstrom des Kühlerlüfters an-

Gemischklappen des 25-PS-Gasbulldogs.

Die Gasschleuse des 25-PS-Gasbulldogs.

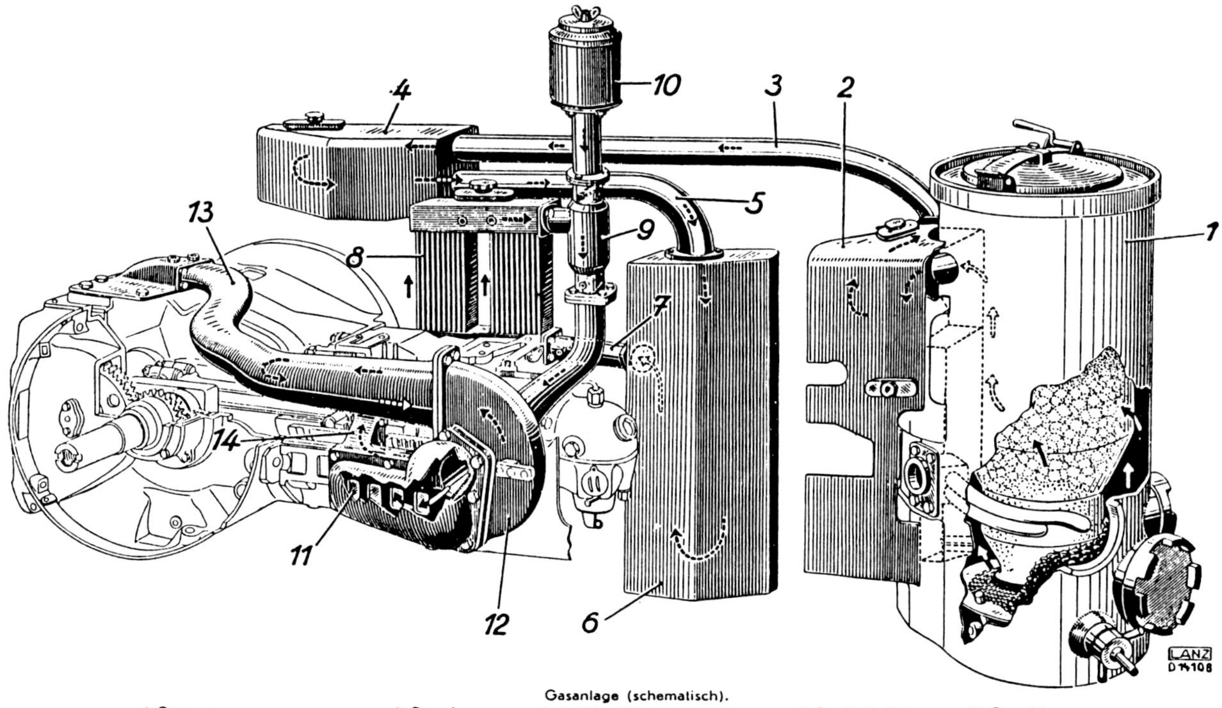

Gasanlage (schematisch).

1 Gaserzeuger
2 Absitz- und Kondensbehälter (Vorreiniger)
3 Gasrohr
4 Absitzbehälter
5 Gasrohr
6 Absitzbehälter
7 Gasrohr mit Abschlußklappe
8 Gaskühler
9 Gas-Luftmischer
10 Luftfilter
11 Gemischklappen
12 Gasschleuse
13 Schleusenrohr
14 Einlaßstutzen

Schematische Darstellung eines Zweistoffbulldogs mit Gasschleuse.

Schematische Darstellung der Gasanlage eines Zweistoffbulldogs für den nachträglichen Umbau mit Ansaugung durch das Kurbelgehäuse.

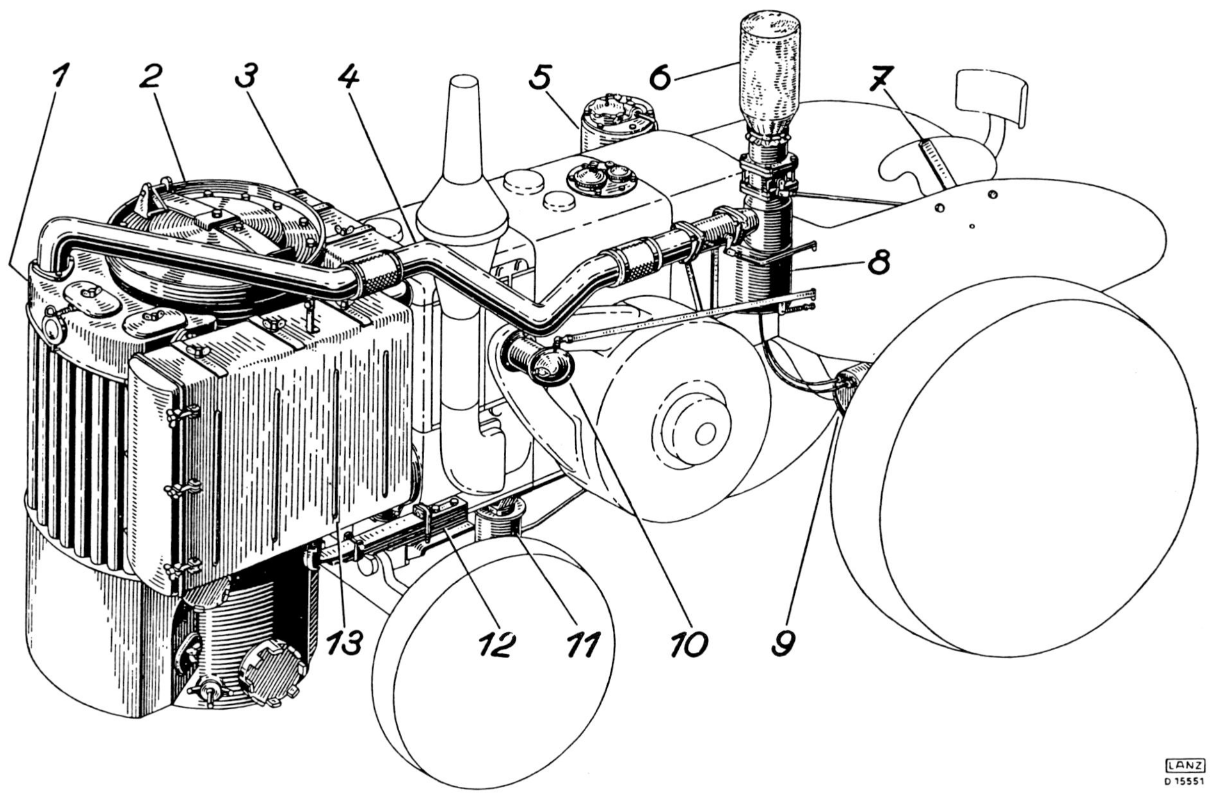

1 Gaskühler
2 Gaserzeuger
3 Absitzkasten mit Gasfilter
4 Gasleitung
5 Ölsammeltopf
6 Luftfilter-Tuchmantel
7 Luftregulierhebel
8 Gasmischer
9 Wassersammeltopf
10 Gasregler
11 Ölsumpftopf
12 Tragfedern
13 Absitzkasten mit Gasfilter

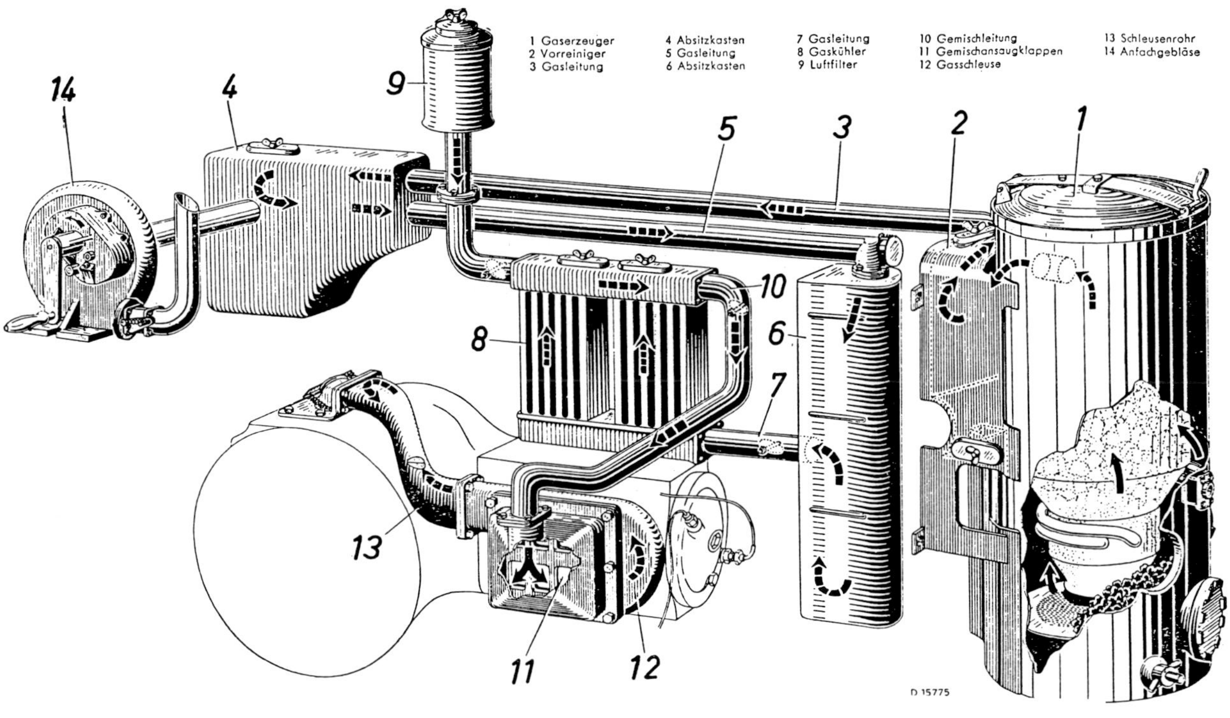

Schematische Übersicht über die Holzgasanlage bei einem 40-PS-Reingasbulldog.

geordnet ist. Erst danach gelangt es in den Mischer, in dem eine steuerbare Vermischung mit zusätzlich angesaugter Verbrennungsluft erfolgt, um abschließend über die Gasschleuse in den Zylinder gesaugt zu werden.

Bei diesem Bild ist der „alte" Glühkopf noch deutlich zu erkennen, da beim Zweistoff-Verfahren ja nur die eingespritzte Menge des flüssigen Kraftstoffes verringert wurde und allein noch die Aufgabe hatte, den Verbrennungsvorgang des zündträgen Gasgemisches einzuleiten.

Die ersten Maschinen dieser Art wurden 1941 zunächst in der kleinen Ausführung, d.h. als D 7506-Gas, auch HNG 3 genannt, gebaut und geliefert. Sie hatten 25/20 PS bei einem gleich gebliebenen Hubraum von 4,766 Liter. Ein Jahr später, 1942, kamen dann die großen Ausführungen hinzu, als D 8506-Gas (HRG 7) mit 35/30 PS, D 9506-Gas (HRG 8) mit 45/40 PS und auch die Eil-Bulldog-Version D 2539-Gas (HRG 9) mit 55/50 PS. Alle mit einem Hubraum von 10,3 Liter. Gebaut wurden diese Ausführungen bis in das Jahr 1943, in dem man dann fast nahtlos zur Reingastechnik überging.

Das Bild links zeigt die nachträgliche Ausrüstung bereits ausgelieferter und zum Teil schon seit einigen Jahren in Betrieb befindlicher Bulldogs mit einer Holzgasanlage.

Bedingt durch die mit dem Fortschreiten des Krieges immer knapper werdende Versorgung mit flüssigen Treibstoffen, waren die Fahrzeugbesitzer immer öfter gezwungen, auf Holzgasbetrieb umzusteigen.

Die Funktionsweise ist prinzipiell die gleiche, wie nach dem Zweistoff-Verfahren schon beschrieben, nur wurde alles konstruktiv zu einer Einheit zusammengefaßt.

Der Reinigung wurde höchste Sorgfalt gewidmet, weil bei dieser Version das Gasgemisch durch das Kurbelgehäuse strömte. Mit dem Einsatz von mehreren Glaswollepatronen erreichte man die nötige Verbesserung der Filterung, um die Ölverschmutzung so gering wie möglich zu halten. Zusätzlich wurde ein Ölsumpf-Filter eingebaut.

Im Umbausatz der 10-Liter-Maschinen war aber auch ein abgeänderter Zündkopf enthalten, der in der Ausführung wesentlich kleiner war und nicht mehr senkrecht, sondern ca. 30° nach vorne abgewinkelt stand.

Die Einspritzdüse wurde gegen eine nicht mehr verstellbare ausgetauscht, die zusätzlich mit einem Rückschlagventil versehen war. Bedingt durch die wesentlich geringeren Einspritzmengen beim Zweistoff-Verfahren, setzten sich die Bohrungen der alten Düsen innerhalb kürzester Zeit zu. Dies konnte jedoch konstruktiv durch eine bessere Wärmeableitung gelöst werden. Zusätzlich mußte auch das Zurückfließen des Kraftstoffes während der Verdichtung und Verbrennung verhindert werden.

Die Nachrüstsätze gab es zunächst erst für die kleinen 20er- und 25er-Maschinen, wenig später dann auch für die großen mit 35, 45 und 55 PS.

Es wurden nach damaligen Werksangaben sogenannte Baukästen geliefert, die den Typen entsprechend untergliedert und auf das jeweilige Fahrzeug abgestimmt, nach der Schlepper-Nummer zusammengestellt waren. Diese Umbauten wurden von etwa Anfang 1943 an bis fast zum Kriegsende durchgeführt. Bemerkenswert ist die Tatsache, daß dies nur gegen Bezugsberechtigungsscheine durchgeführt wurde und, weil die Gasgenerator-Entwicklung dem Generalbevollmächtigten für Rüstungsaufgaben unterstellt war, der Geheimhaltung unterlag.

Eine genaue Stückzahl der gelieferten Nachrüstsätze bzw. ausgeführten Umbauten konnte bei den Nachforschungen nicht gefunden werden, aber es können, vorsichtig geschätzt, etwa einige Tausend Maschinen gewesen sein.

Das Bild auf der Seite 21 zeigt die dritte Variante, die Reingasmaschine. Zunächst sind auch hier wieder die wesentlichen Elemente wie Vorreiniger und Absitzbehälter ersichtlich. Eine völlige Neuerung gegenüber der Zweistoff-Maschine war das Anfachgebläse, die veränderte Gas- und Luftführung und der erneut geänderte Zylinderkopf. Für den reinen Gasbetrieb mußte der Brennraum völlig umgestaltet werden. Im Zylinderkopf fehlte der so typische Zündsack. Er war fast mit einem flachen Deckel zu vergleichen, der nun eine wesentlich kleinere Zündkerze und eine Benzineinspritzdüse für den Anlaßvorgang enthielt.

Um den erheblichen Leistungsverlust bei reinem Gasbetrieb auszugleichen, wurden bei beiden Motorvarianten die Bohrung und damit der Hubraum vergrößert.

Bei der kleinen Maschine von 170 auf 210 mm, was einen Hubraum von 7,3 Liter ergab, und bei der großen von 225 auf 260 mm, was zu 13,8 Liter führte.

Da in der Reingasausführung nun kein flüssiger Treibstoff mehr notwendig war, wurde das Gehäuse des früheren Tanks zu einem Werkzeugkasten mit Klappe umgestaltet. Hierzu jedoch später mehr.

Bei den ersten Maschinen dieser Art führten die höheren Verdichtungsdrücke sowie die abnormal hohen Verbrennungsdrücke von etwa 35 atü (statt bisher 23 bis 25 atü) zu Kurbelwellenbrüchen. Diese Ursache wurde mehr oder weniger durch Zufall entdeckt. Durch Zündaussetzer und einen falsch eingestellten Zündzeitpunkt – es wurde inzwischen elektrisch gezündet – entstand dieser abnorme Druckaufbau. Aus diesem Grund wurden mit dem Jahresbeginn 1944 zur Sicherheit die Kurbelwellenzapfen verstärkt.

Die ersten Reingasmaschinen wurden von 1943 bis kurz vor Kriegsende gebaut, allerdings nur, soweit es die Zerstörungen der Fabriken durch Bombenangriffe dann noch zuließen.

Das Besondere an diesen Reingasmaschinen war, daß die Zündung des verdichteten Gemisches durch einen Zündfunken erfolgte. Im Gegensatz zum Gasöl-Bulldog und auch der Zweistoff-Maschine war die Zündanlage also ständig in Betrieb. Der Zündzeitpunkt wurde durch an der Bosch-Öler-Achse angebrachte Unterbrecherkontakte bestimmt und konnte zusätzlich vom Fahrersitz aus in die Stellungen „S“ (Start) und „B“ (Betrieb) verstellt werden. Die Hochspannung zur Funkenbildung erzeugte eine herkömmliche Zündspule, bei der der Summer wahlweise zugeschaltet werden konnte.

Geliefert wurden diese Reingasmaschinen in der kleinen Version D 7006 (HNO) mit 25 PS und in der größeren Ausführung D 8006 (HRO 7) mit 32 PS, D 9006 (HRO 8) mit 40 PS und in der Eil-Bulldog-Ausführung D 2039 (HRO 9) mit 55 PS. Die Hubräume betrugen, wie bereits angedeutet, 7,3 Liter bzw. 13,8 Liter.

Da die Bulldog-Motoren, unabhängig von der Art des verwendeten Kraftstoffes, die Neigung hatten, in der Drehzahl nach oben durchzugehen, mußte auch für die Einstellung der Drosselklappe eine geeignete Regeleinrichtung vorgesehen werden. Diese Regelung erfolgte in der bereits bewährten Art und Weise mittels eines Fliehkraftreglers, der bei Bedarf unmittelbar auf die Kraftstoffzufuhr einwirkte.

Auch hier ermöglichen die folgenden Zeichnungen der drei Varianten hintereinander einen unmittelbaren Vergleich.

Zunächst ist eine etwas verwirrende Vielfalt von Gestängen zu sehen, die jedoch ein- und dieselbe Aufgabe hatten, nämlich beim Erreichen der Enddrehzahl die Kraftstoffzufuhr zu drosseln, bzw. die eingestellte Leerlaufdrehzahl zu halten.

Bei der Zweistoffmaschine HNG bzw. HRG (Bild rechts) regulierte der Drehzahlregler die Zufuhr

Die Regulierung der Kraftstoff- und Gaszuführung bei der Zweistoffmaschine mit Gasschleuse.

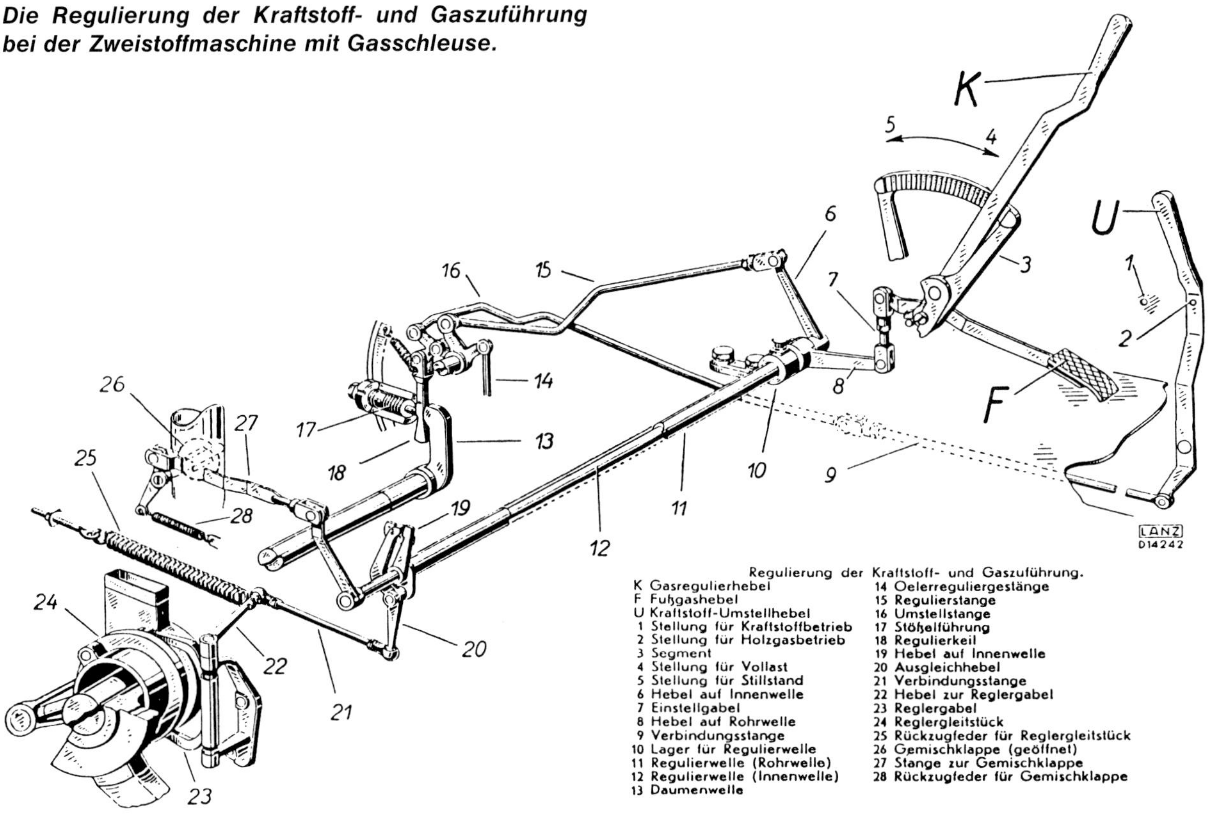

Regulierung der Kraftstoff- und Gaszuführung.

K Gasregulierhebel
F Fußgashebel
U Kraftstoff-Umstellhebel
1 Stellung für Kraftstoffbetrieb
2 Stellung für Holzgasbetrieb
3 Segment
4 Stellung für Vollast
5 Stellung für Stillstand
6 Hebel auf Innenwelle
7 Einstellgabel
8 Hebel auf Rohrwelle
9 Verbindungsstange
10 Lager für Regulierwelle
11 Regulierwelle (Rohrwelle)
12 Regulierwelle (Innenwelle)
13 Daumenwelle
14 Oelerreguliergestänge
15 Regulierstange
16 Umstellstange
17 Stößelführung
18 Regulierkeil
19 Hebel auf Innenwelle
20 Ausgleichhebel
21 Verbindungsstange
22 Hebel zur Reglergabel
23 Reglergabel
24 Reglergleitstück
25 Rückzugfeder für Reglergleitstück
26 Gemischklappe (geöffnet)
27 Stange zur Gemischklappe
28 Rückzugfeder für Gemischklappe

von flüssigem Kraftstoff und des Holzgas-Luft-Gemisches gleichzeitig. Er stand sowohl mit der Drosselklappe für das Gas-Luft-Gemisch als auch mit dem Drosselkeil für die Mengenregelung des flüssigen Kraftstoffes in Verbindung.

Die Regelung der Reingasmaschine (HNO und HRO 7–9) unterschied sich jedoch nur unwesentlich von der zuvor genannten Ausführung. Hier wurde allerdings nur noch die Drosselklappe beeinflußt, und während des Anlaßvorganges die Benzinzufuhr.

Wesentlich umständlicher war es bei den Umbau-Maschinen, zumindest was den nachträglichen Anbau betraf. Hier wurde der Flieh-

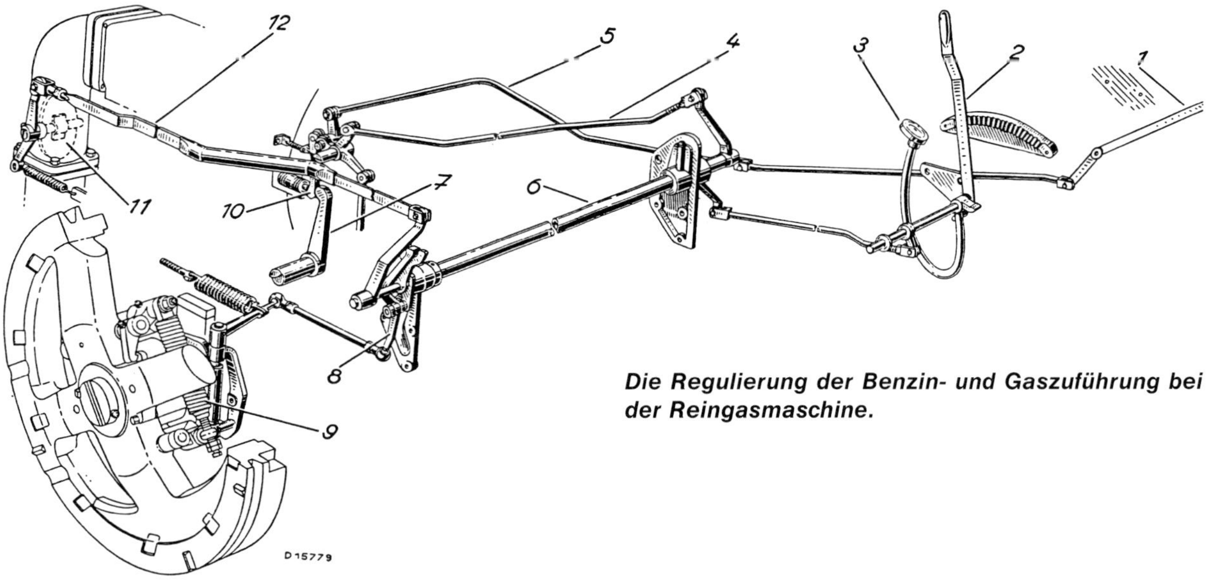

Die Regulierung der Benzin- und Gaszuführung bei der Reingasmaschine.

Regulierung der Benzin- und Gaszuführung

1 Umstellhebel
2 Handgashebel
3 Fußgashebel
4 Regulierstange für Benzin
5 Umstellstange
6 Regulierwelle
7 Daumenwelle
8 Ausgleichhebel
9 Drehzahlregler
10 Regulierkeil für Benzinpumpe
11 Gasregulierklappe
12 Gasregulierstange

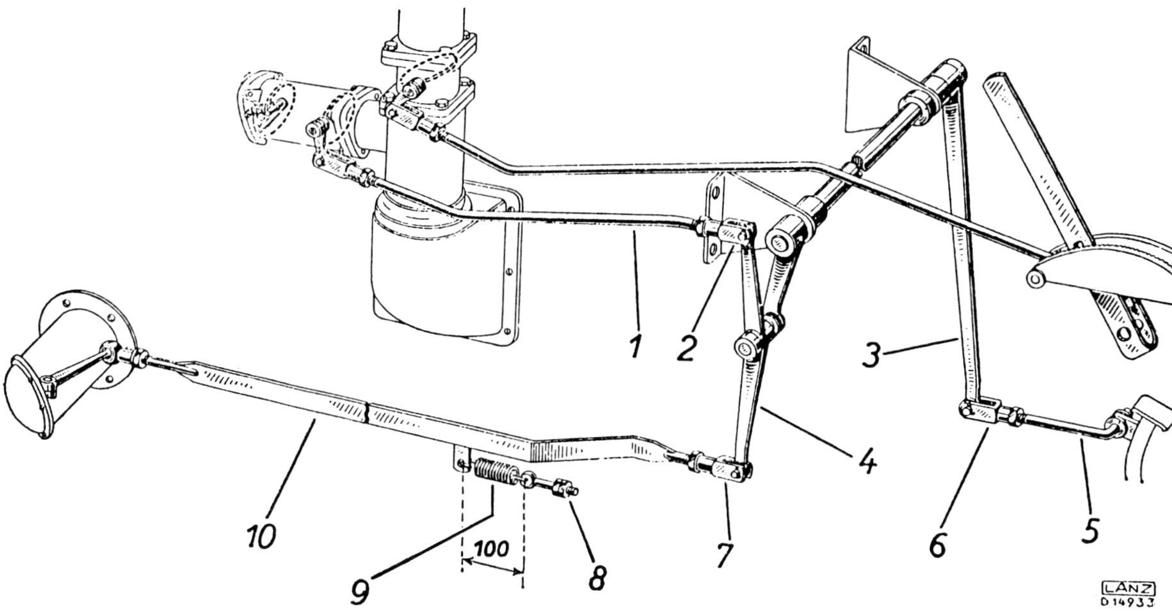

Luft- und Gasregulierung bei 25 PS Ackerluft- und Verkehrs-Bulldog sowie 35, 45 und 55 PS Bulldog.

1 Stange zur Gasregulierklappe
2 Gabel
3 Hebel
4 Ausgleichhebel
5 Stange zum Fußgashebel
6 Gabel
7 Gabel
8 Einstellmutter
9 Leerlauffeder
10 Stange zum Gasregler

Die Luft- und Gasregulierung bei den nachträglich umgebauten Maschinen.

kraftregler auf die Welle des Windflügels aufgesetzt und somit vom Keilriemen angetrieben. Über Hebel und Gestänge beeinflußte der Regler dann auch hier, drehzahlabhängig, die Drosselklappenstellung. Die Lastfeder hatte nur die Aufgabe der Begrenzung der hohen Drehzahl, die Leerlaufdrehzahl wurde vom bisherigen Regler auf der Kurbelwelle bestimmt. Der Pumpenhub, und damit die Fördermenge der Kraftstoffpumpe, wurde so weit reduziert, daß die Maschine gerade noch sicher angelassen werden konnte.

Der Regleraufbau bei den Umbaumaschinen.

Das Reichskuratorium für die Technik in der Landwirtschaft entwickelte zusammen mit ver-

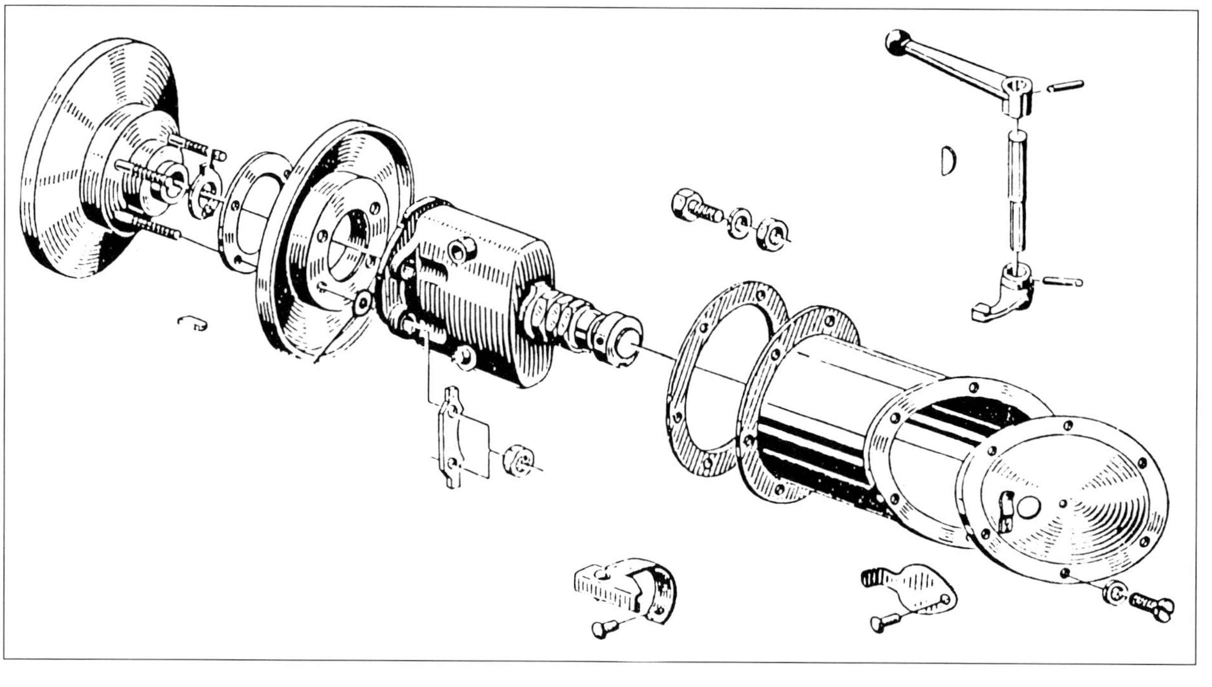

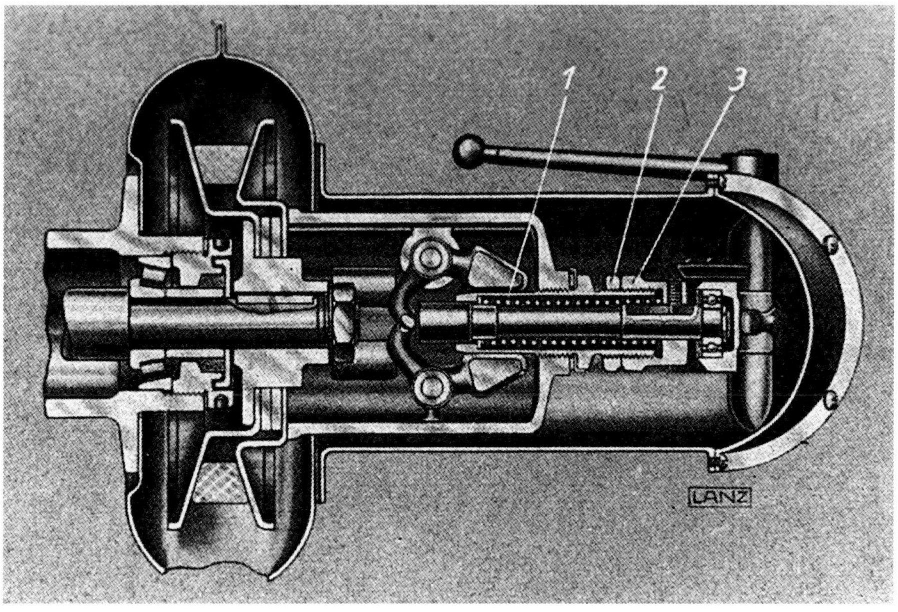

Der Regler im Schnitt.

schiedenen Stellen den sogenannten Einheitsgenerator für Ackerschlepper. Dieser wurde ab Juli 1942 im Hause Lanz eingehenden Untersuchungen unterzogen. Er wies jedoch gegenüber den Imbert-Anlagen keinerlei Vorteile auf und hatte sogar den Nachteil, daß er 200 kg mehr wog. Die Auflage, diesen Einheitsgenerator verwenden zu müssen, konnte man in Mannheim in den folgenden Jahren erfolgreich abwenden.
Ebenfalls zu diesem Zeitpunkt, genauer gesagt zum 1. Juli 1942, erließ der Reichsminister für Ernährung und Landwirtschaft Durchführungsbestimmungen zur Umstellung von Ackerschleppern auf Holzgasbetrieb. Dies sollte bewirken, daß ab diesem Stichtag neue Schlepper nur noch mit dieser Treibstoffart zum Einsatz kommen und alte Schlepper auf diesen Kraftstoff umgestellt werden sollten. Es war bereits beim Erlaß dieser Vorschrift abzusehen, daß dies in der Praxis nicht so leicht zu realisieren war. Die Umstellung verzögerte sich zum Teil erheblich, und erst die Zwänge durch die weitere drastische Verknappung der flüssigen Kraftstoffe durch die Kriegsfolgen zwangen die Besitzer endgültig zur Umstellung.
Bedingt durch den relativ langsam laufenden Einzylinder-Bulldogmotor fand kein kontinuierliches Ansaugen des Gases statt, sondern nur eine stoßweise Gasentnahme. Dies brachte automatisch den Vorteil mit sich, daß durch den periodisch wechselnden Unterdruck die Gase immer wieder in der Reduktionszone des Gaserzeugers verharrten, wodurch die Kohlenmonoxidbildung begünstigt wurde. Die Folge des größeren CO-Anteiles war ein besserer Heizwert.
Trotz der Serienreife des Holzgas-Bulldogs fanden parallel dazu Untersuchungen mit anderen festen Brennstoffen statt. An erster Stelle handelte es sich um Braunkohle. Die erzielten Ergebnisse waren recht erfolgversprechend, aber der fortschreitende Krieg bzw. dessen Ende verhinderten eine weitere Vervollkommnung.

Betrieb des Holzgas-Bulldogs

Befragt man frühere Holzgas-Bulldogfahrer zum Thema, so schlagen diese noch heute die Hände über dem Kopf zusammen. Der Grund ist jedoch nicht in der damals vielleicht mangelhaften Technik zu suchen, sondern in den Begleitumständen jener schlechten Jahre. Die Hauptursachen waren ungeeignetes, meist zu feuchtes Holz und die falsche Stückgröße. Besonders aber auch die schlechte Qualität der damaligen Schmieröle.
Das oberste Gebot war eine tägliche, gründliche Reinigung der gesamten Anlage, da sich während des Betriebes Teer- und Wasserkondensate bildeten, die sich mit den verbleibenden Schmutz- und Staubteilchen vermischten und zu Verstopfungen und den unangenehmen Verkrustungen in den Anlagen führten.
Im folgenden wird nun der Betrieb einer Zweistoff-Maschine beschrieben. Mit geringen Abweichungen gilt die Beschreibung auch für die Aus-

führungen mit der Gasschleuse und für die Umbau-Maschinen, die über das Kurbelgehäuse ansaugten.

Die zuvor bereits beschriebenen Vorgänge im Gaserzeuger können im unten gezeigten Diagramm noch einmal verfolgt werden.

Zur Inbetriebsetzung waren, im Gegensatz zum früheren Gasölbetrieb, nun zwei Arbeitsgänge notwendig. Einmal die Arbeiten am Motor, dann zusätzlich am Holzgasgenerator.

Die Vorbereitungen des Motors wie Kontrolle, Abschmieren, Vorpumpen etc. blieben die gleichen. Beim Gaserzeuger, falls die Maschine bereits am Vortag in Betrieb gewesen war, mußte mittels des Schüreisens die Holzkohle um und unter dem Herdstutzen aufgelockert werden. Im Normalfall genügte es, hierzu das eingebaute Rüttelsieb kräftig zu betätigen. Dann wurden einer oder beide seitlichen Lukendeckel aufgeschraubt und ggf. Holzkohle ergänzt. Bei einer Erstbefüllung – oder nach einer totalen Entleerung des Kessels – war ein Neuaufbau des Holzkohlebettes erforderlich. Sie wurde bis zur Oberkante des Herd-Einsatzes und in das Unterteil des Gaserzeugers eingefüllt. Es sollte nur einwandfreie Buchen-Retorten-Holzkohle verwendet werden, weil normale Meiler-Holzkohle schlecht entgast war und zu große Staubmengen entwickelte. (Interessant ist hier der Aspekt, daß es in den letzten Kriegsjahren kaum noch diese Retorten-Holz-Kohle gab.)

Anschließend wurde der Einfülldeckel geöffnet, mit einer Holzstange der Rest der Holzfüllung durchgestoßen und kräftig „umgerührt" (wegen der Gefahr, den Herdstutzen zu beschädigen, sollten keine Eisenstangen verwendet werden). Dies war besonders wichtig, um Hohlräume in der Füllung zu beseitigen, die sonst zu den gefürchteten Hohlbrennern führten, ein gleichmäßiges Nachrutschen des Holzvorrates verhinderten und damit die Gasentwicklung beeinträchtigten. Anschließend wurde dann Holz aufgefüllt. Das Tankholz mußte bestimmten Anforderungen genügen: Keine zu kleinen Stücke, aber auch nicht

Schnitt durch Motor und Gaserzeuger.

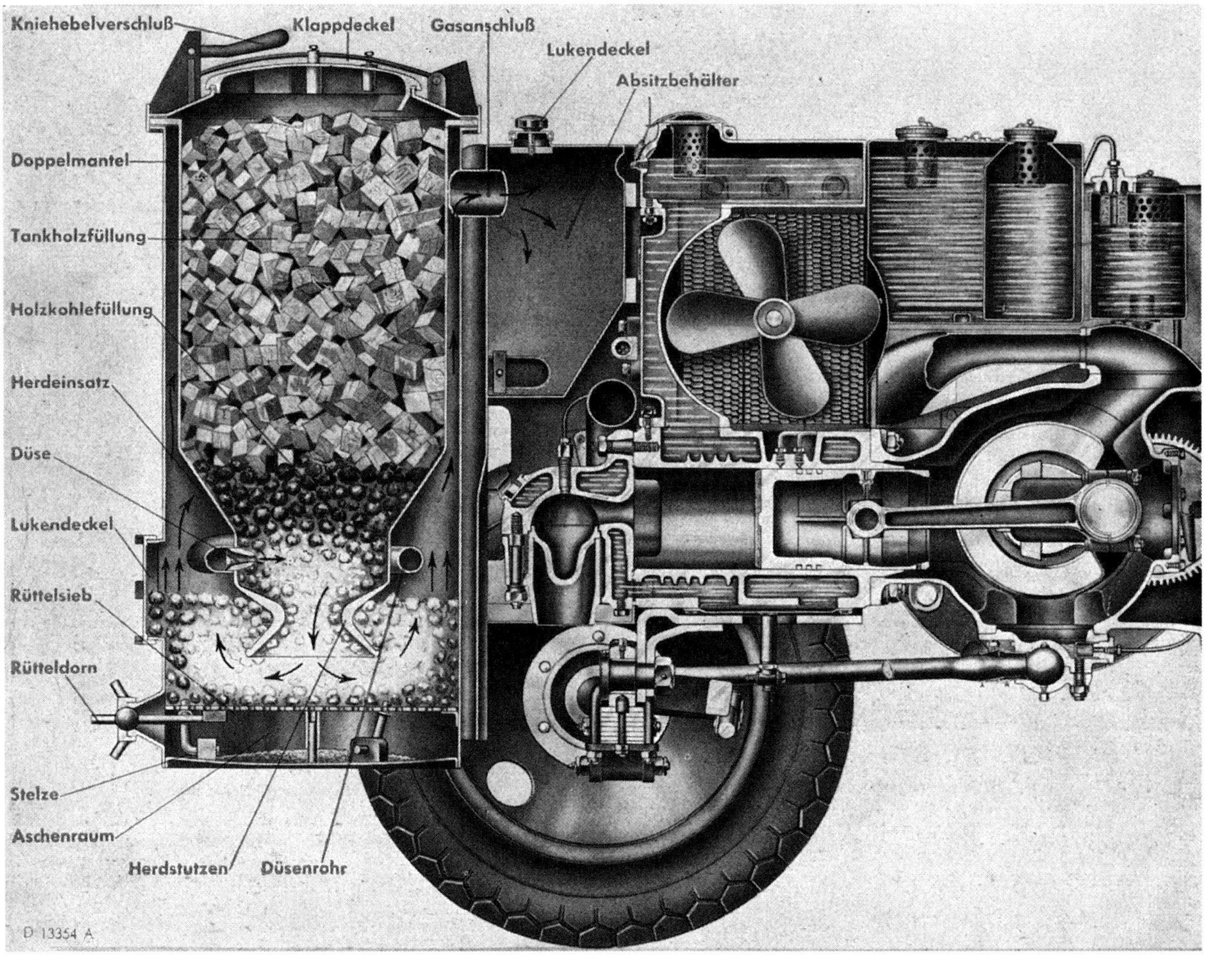

größer als eine Faust. Noch wichtiger war der Feuchtigkeitsgehalt, er sollte maximal 25 Prozent betragen, weil sonst zuviel Wasserdampf entstand.

Vor weiteren Arbeitsgängen mußten dann alle Öffnungen dicht verschlossen werden, wozu man alle Gewinde und Dichtflächen mit einer Graphitschmiere einstrich.

Nun konnte der eigentliche Anlaßvorgang beginnen. Zunächst wurde der Motor in altbewährter Manier mit Gasöl und der Heizlampe oder Startbenzin und Batteriezündung angeworfen.

Es gab allerdings doch einige Abweichungen gegenüber früher. Die Luft wurde jetzt über die Luftregulierklappe in den Mischer gesaugt und dort mit dem Generatorgas gemischt. Der Fuß- und Handgashebel betätigte die Gasgemisch-Drosselklappe und den Regulierkeil der Einspritzpumpe. Dieser Drosselkeil wurde nach wie vor von der Daumenwelle des Reglers gesteuert und regelte nun nur noch die niedrige Drehzahl. Er konnte durch einen eigenen Umstellhebel in zwei Positionen gebracht werden. Einmal in Stellung Kraftstoffbetrieb zum Anlassen, zum anderen in Stellung Holzgasbetrieb-Zweistoff, in der eine wesentlich geringere Menge flüssigen Kraftstoffes eingespritzt wurde.

Aber nun zurück zum Anlassen. Nachdem der Motor mit Flüssigkraftstoff rund lief, mußte der Gasgenerator in Betrieb gesetzt werden.

Die Zufuhr der erforderlichen Verbrennungsluft wurde so eingestellt, daß sie teilweise über den noch kalten Gaserzeuger angesaugt wurde. Dies hatte auch den Vorteil, daß das eventuell verbliebene Restgas abgesaugt und eine Verpuffungsgefahr beim Anzünden des Kessels ausgeschlossen wurde.

Man steckte eine getränkte Lunte aus Putzwolle, Holzwolle oder Papier in das Luftloch und entzündete damit die Holzkohle im Gaserzeuger. Sobald diese ausreichend glühte, konnte die Lunte entfernt werden. Da ja der Motor seinen Luftbedarf über den Gaserzeuger saugte, wurde die Holzkohle automatisch weiter angefacht. Nach etwa fünf bis zehn Minuten war das Gas zündfähig, der Kraftstoff-Umstellhebel konnte auf Gasbetrieb gestellt werden. Zusätzlich mußte dann noch die Luftzufuhr so eingestellt werden, daß das Generatorgas zündfähig wurde. Es sollte immer auf jenen größtmöglichen Luftzusatz eingestellt werden, mit dem der Motor noch gut zog. Bei längerem Leerlaufbetrieb verbrannte die an-

Verstellhebel für die Luftzufuhr.

Kraftstoffhebel K und Umstellhebel U (Stellung 1: Gasölbetrieb, Stellung 2: Holzgasbetrieb).

gesaugte Gasmenge nicht mehr vollständig und verursachte Ablagerungen von Teerrückständen im Zylinder. Dies mußte auf alle Fälle vermieden werden: man sollte den Motor während längerer Pausen generell abstellen. Da die Holzkohle im Kessel noch einige Stunden glühte, war ein späteres Anlassen verhältnismäßig unproblematisch. Auch Talfahrten verursachten wegen der genannten unvollständigen Verbrennung Teerrückstände. Wollte man bei Talfahrten den Motor als Bremse verwenden, so mußte die Gasabschlußklappe vor dem Eingang zum Gaskühler geschlossen werden, damit der Motor kein Gas, sondern nur Luft ansaugen konnte.

Die Holzfüllung im Gaserzeuger sollte nach etwa ein bis eineinhalb Betriebsstunden kontrolliert und ggf. ergänzt werden. Der Verbrauch war jedoch von der Maschinenbelastung und von der Holzqualität abhängig. Jedenfalls mußte recht-

zeitig nachgefüllt werden, damit der Holzkohlestand im Generator nicht zu weit absank, wodurch nicht verschweltes Holz in die Vergasungszone nachrutschen konnte. Außerdem brauchte das Holz genügend Zeit zum Trocknen und Verschwelen. Wurde zu feuchtes Holz verwendet, mußte man dieses erst mal „durchbrennen" lassen, d.h. man ließ bei geöffnetem Generatordekkel und hochgestellter Rückschlagklappe am Luftloch den Wasserdampf aus dem Gaserzeuger entweichen.
Nach Abstellen des Motors schloß man sofort die Gasabschlußklappe; damit konnte kein Holzgas mehr in den Motor gelangen. So wurden Kondensation und Ablagerungen vermieden und die Inbetriebsetzung des Motors am folgenden Tag erleichtert.
Die letzte Befüllung des Behälters mit Holz vor längeren Betriebspausen oder vor der Beendigung der täglichen Arbeit war so einzurichten, daß der Gaserzeuger wenigstens halb leergebrannt war, um zu vermeiden, daß zuviel von der aus dem Holz ausgetriebenen Feuchtigkeit kondensierte und sich auf die Holzkohlen niederschlug. Dies hätte die Inbetriebnahme am nächsten Tag erheblich verzögert.
Generell hatte man beim Nachfüllen von Tankholz zu vermeiden, die aus dem Generator austretenden Gase einzuatmen, ihre Anteile an Kohlenmonoxid waren nicht gerade „gesundheitsfördernd".
Etwas anders verlief das Anlassen der Reingasmaschinen. Hier war seitlich am Führerstand ein handbetriebenes Gebläse angebaut, auf dessen Rohrstutzen ein Verlängerungsrohr aufgesteckt wurde. Nach der Vorbereitung des Motors und des Generators saugte man zunächst eventuell verbliebene Gasreste ab und entzündete dann mittels einer Lunte die Holzkohle. Nach etwa fünf Minuten Gebläsebetrieb konnte man das am Rohrstutzen ausgeblasene Gas zünden. Alte Hasen steckten dazu nach der Lunte ein Stück starken Schweißdrahtes oder ähnliches durch das Luftloch in das Holzkohlebett und hielten dann das glühende Ende in den Gasstrom. „Gutes Gas" brannte mit langer, rötlich-blauer Flamme. Bei zu feuchtem Tankholz hatte man am Flammenende einen deutlich sichtbaren „Dampfbart" stehen. Nun wurde die Absperrklappe in der Gebläseleitung geschlossen, und man konnte den Motor auf drei verschiedene Arten starten:

1. Der Reingasstart:
Mit dem Lenkrad wurde die Kurbelwelle solange nach rechts und links gependelt, bis sich der Zylinder mit dem Gas-Luft-Gemisch gefüllt hatte und Gas sichtbar an der Mündung des Auspuffrohres austrat. Anschließend wurde die elektrische Zündung eingeschaltet und der Motor wie üblich angeworfen.

2. Gasstart mit Benzinanteil:
Sprang der Motor wegen unzureichender Gasqualität bei einem Reingasstart nicht an, so konnte während des Anwerfens zusätzlich Benzin eingespritzt und der Startvorgang wiederholt werden.

3. Der reine Benzinstart:
Blieben die Startversuche unter 1. und 2. ohne Erfolg, so hatte man wie bei den Zweistoff-Maschinen als dritte Möglichkeit den reinen Benzinstart. Der Benzinstart galt jedoch wegen des geringen Benzinvorrats, vor allem wegen der geringen Benzinzuteilung, als reine Notlösung.
Die drei Anlaßarten schienen beim Lesen der Anleitungen eigentlich unproblematisch zu sein. Theoretisch war alles gut verständlich beschrieben, doch die Praxis sah dann auch beim Holzgasbulldog völlig anders aus.

In den meisten Fällen war das Ingangsetzen eines Holzgas-Bulldogs ein Unternehmen von längerer Zeitdauer. Meistens war die Ursache zu feuchtes und ungeeignetes Holz (wohl dem, der Beziehungen zu holzverarbeitenden Betrieben hatte), aber auch die Verschmutzung der Absetzbehälter und des Gaskühlers führte – mangelhafter Reinigung wegen – häufig zu Störungen. Denn wer reinigte schon gerne nach einem arbeitsreichen Tag – speziell im Winter bei Minustemperaturen – mit kaltem Wasser die gesamte Anlage, in der sich dann auch noch Eis ansetzte? Weil das in das Kurbelgehäuse gesaugte Gas-Luft-Gemisch zündfähig war, führte dies bei den Umbau-Maschinen, aber auch bei Maschinen mit Gasschleuse, zu einem Zurückschlagen des Motors, ein nicht ausreichend kräftiges Anwerfen unter Umständen zu Gasexplosionen im Kurbelgehäuse. Solche „Knalleffekte" versetzten nicht nur den Fahrer in Angst und Schrecken, sie beschädigten auch durch die hohe Druckbelastung und Verbrennungen die Filz-Dichtringe an der Kurbelwelle. Die Folge waren mangelhafte Ab-

dichtung, nicht mehr ausreichende Vorverdichtung und damit Betriebsstörungen.
Weiter wurden als häufige Störungsursachen bekannt:
Verklebte Rückschlagklappen am Luft-Zündloch.
Ansaugen falscher Luft über undichte Lukendeckel und Verschlüsse.
Pulverisierte Holzkohle im Generator.
Falsche Einstellung des Luftmischers oder des Zündzeitpunktes.

Zu den Maschinen sind ergänzend noch folgende technische Angaben zu machen:
Holz-Füllung des Gaserzeugers:

25/20-PS-Zweistoff-Bulldog	40 kg
25-PS-Reingas-Bulldog	45 kg
35/30- und 45/40-PS-Zweistoff-Bulldog	80 kg
32- und 40-PS-Reingas-Bulldog	90 kg
55/50-PS-Eil-Bulldog	120 kg

Inhalt des Start-Benzinbehälters:

25-PS-Reingas-Bulldog	7 Liter
40-PS-Reingas-Bulldog	5 Liter
55-PS-Reingas-Eil-Bulldog	8 Liter

Gasschleuse einer ehemaligen Zweistoffmaschine mit direkt aufgesetztem Luftfilter.

Um- und Rückbauten

Bei Ende des Zweiten Weltkrieges 1945 lag das Lanz-Werk in Schutt und Asche. Über 90 Prozent der Gebäude waren zerstört, an eine Bulldog-Produktion konnte man zunächst gar nicht denken. Aber die durch den Krieg weit verstreuten Mitarbeiter kehrten, soweit sie am Leben geblieben waren, nach und nach zu ihrer früheren Arbeitsstätte zurück. Nun begann eine große Trümmerbeseitigungs- und Aufräum-Aktion, und wider Erwarten konnten bald einige Gebäude notdürftig hergestellt werden. Die noch halbwegs brauchbaren Maschinen und Bauteile wurden geborgen, und bald darauf versuchte man, wieder Bulldogs herzustellen. Mit Hilfe und Zustimmung der amerikanischen Besatzungsbehörden konnte man dies im Sommer 1945 verwirklichen. Eine Neufertigung von Teilen war zu diesem Zeitpunkt noch nicht möglich, deshalb mußte man auf all das zurückgreifen, was der Krieg übrig gelassen hatte. Es waren dies Einzelteile, fertige und zum Teil durch Kriegseinwirkung beschädigte Maschinen, aber auch noch vor Kriegsende ausgelieferte Bulldogs, die zurückkamen.
So wurden aus dem, was noch greifbar war, Bulldogs zusammengebaut. Es gab die unmöglichsten Zusammenstellungen. Beispielsweise bestückte man den 20-PS-Acker-Luft-Bulldog mit Rädern eines Eil-Bulldogs. Die Not machte erfinderisch, Hauptsache war eine zuverlässig laufende Maschine.
Genauso sah es in der Motorenfertigung aus. Aus den Resten der Holzgas-Ära gab es nun 7,3- und 13,8-Liter-Gasöl-Glühkopfmaschinen, weil man mit Kriegsende auch die unliebsam gewordene Holzgas-Technik beenden wollte. Im Gegensatz zu anderen Schlepperherstellern wurde dies bei Lanz von vornherein konsequent durchgeführt.
Im nachhinein muß den Ingenieuren der Firma Lanz ein gewisser Weitblick bescheinigt werden, denn offensichtlich hatte man schon damals an keinen Dauerzustand des Holzgas-Betriebes geglaubt und alle Konstruktionen so gestaltet, daß ein Rück- bzw. Umbau auf Gasöl-Glühkopfbetrieb mit mehr oder minder großem Aufwand möglich war. Hiervon profitierte man nun in den

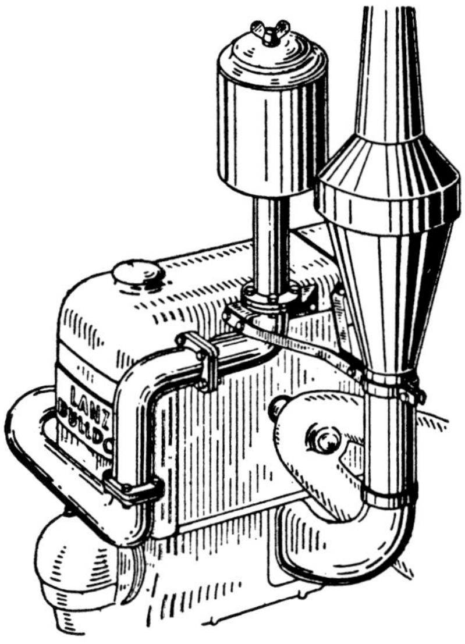

Umgebaute Luftansaugung.

ersten Nachkriegsjahren und konnte die genannten Maschinen bauen.
Im wesentlichen wurde die alte Form des Zylinderkopfes mit Zündsack und Regulierdüse wieder verwendet, der Regler mit einer anderen Lastfeder versehen, und der Drosselkeil der Daumenwelle ausgetauscht. Die Kraftstoffpumpe und den Bosch-Öler stellte man entsprechend ein, das Benzin-Absperrventil wurde durch eines mit Gasöl- und Benzinanschluß ersetzt. Dies sind jedoch nur die hauptsächlichsten Änderungen, zusätzlich waren noch weitere Kleinarbeiten, auch an Blechteilen, erforderlich.
Von diesen Maschinen, die offiziell als Umbau-Maschinen bezeichnet wurden, sind 1946 nur einige hundert Stück hergestellt worden.
Sie hatten die modifizierte Bezeichnung D 7006-U (HNO-U) und D 9006-U (HRO-U). Die Leistungsangaben auf den Typenschildern waren verwirrend, da zuerst nur der Wert der früheren Holzgasleistung angegeben wurde. So gab es z.B. beim D 9006-U zunächst die Angabe von 40 PS, später aber von 63 PS.
Ein weit größeres Problem für die Firma Lanz stellten die vielen Holzgas-Maschinen draußen im Land dar: Da keiner der Besitzer mehr etwas von Holzgas wissen wollte, mußten diese Maschinen ebenfalls rückgebaut werden.
Zu diesem Zweck wurden im Januar bzw. März 1946 Anweisungsbücher für die technischen Außendienste ausgearbeitet und alle nötigen Arbeitsgänge dazu beschrieben. Die Rückbauarbeiten wurden in den Kundendienstwerkstätten, aber auch unmittelbar auf dem Hof der Besitzer ausgeführt.
Im Gegensatz zu den vom Werk vorgegebenen Aufwendungen an Material und Zeit ergab die Praxis jedoch, daß die Vorgaben meist nicht eingehalten werden konnten, weil die Maschinen durch den langen Betrieb mit Holzgas total versotten und meist auch undicht waren. So wurde in vielen Fällen aus dem sogenannten Rückbau eine echte Generalüberholung. Dies zog natürlich den Unmut der Besitzer nach sich, da die tatsächlichen Kosten den Kostenvoranschlag des Werkes wesentlich überstiegen.
Auch hier gab es beim Rückbau wieder eine Aufteilung in die drei Varianten, wie bereits in den vorstehenden Abschnitten beschrieben. Die einfachste war die nachträgliche Version des Umbaues mit Ansaugung über das Kurbelgehäuse, die genau entgegengesetzt der damaligen Umrüstung erfolgte.
Bei den Zweistoff- und Reingas-Maschinen lief der Prozeß fast gleich ab. Im Grunde waren dieselben Aufwendungen erforderlich, wie sie bei den Werksumbauten aus Holzgas-Restbeständen erfolgten. Die Gasschleuse mußte beibehalten werden, da es bei diesen Maschinen keine Überströmkanäle gab.
Es wurde zunächst alles, was mit Holzgas zu tun hatte, abgebaut. Gaserzeuger, Absitzbehälter, Gaskühler und Mischer konnten entfernt werden, und nur die Gemischleitung, Luftansaugrohr und Luftfilter wurden weiterverwendet.
Oberstes Gebot beim Zusammenbau war absolute Sauberkeit, alle Teile mußten zum Teil mühsam, aber gründlichst gereinigt werden.
Das Hirschgeweih der früheren Gemischleitung konnte beibehalten werden und fungierte nur noch als Luftansaugleitung. Bei der kleinen Maschine konnte wegen des Deckels der Gasschleuse keine andere Rohrführung gewählt werden, da das Zuführungsrohr von hinten einmündete. Bei den großen Maschinen gab es jedoch eine Alternative, weil die Gasschleuse von Haus aus größer, ihr Deckel mit einer Flanschplatte versehen war. Somit konnte man den Ansaugfilter unmittelbar auf die Gasschleuse setzen.
Auf diesem Bild erkennt man deutlich die Ablaßschraube, die beim Holzgasbetrieb besonders wichtig war.
Beim Rückbau der Reingasmaschinen ist die bereits früher erwähnte Weitsicht der Konstrukteure zu loben. Diese Bulldogs hatten ja anstelle des

Ein Holzgas-Prototyp, wie er nicht in Serie gefertigt wurde.

Nachträglicher Umbau eines Ackerluft-Bulldogs auf Holzgasbetrieb.

25-PS-Bulldogmotor im Sauggasbetrieb. Das Gas-Luft-Gemisch wird durch das Kurbelgehäuse gesaugt.

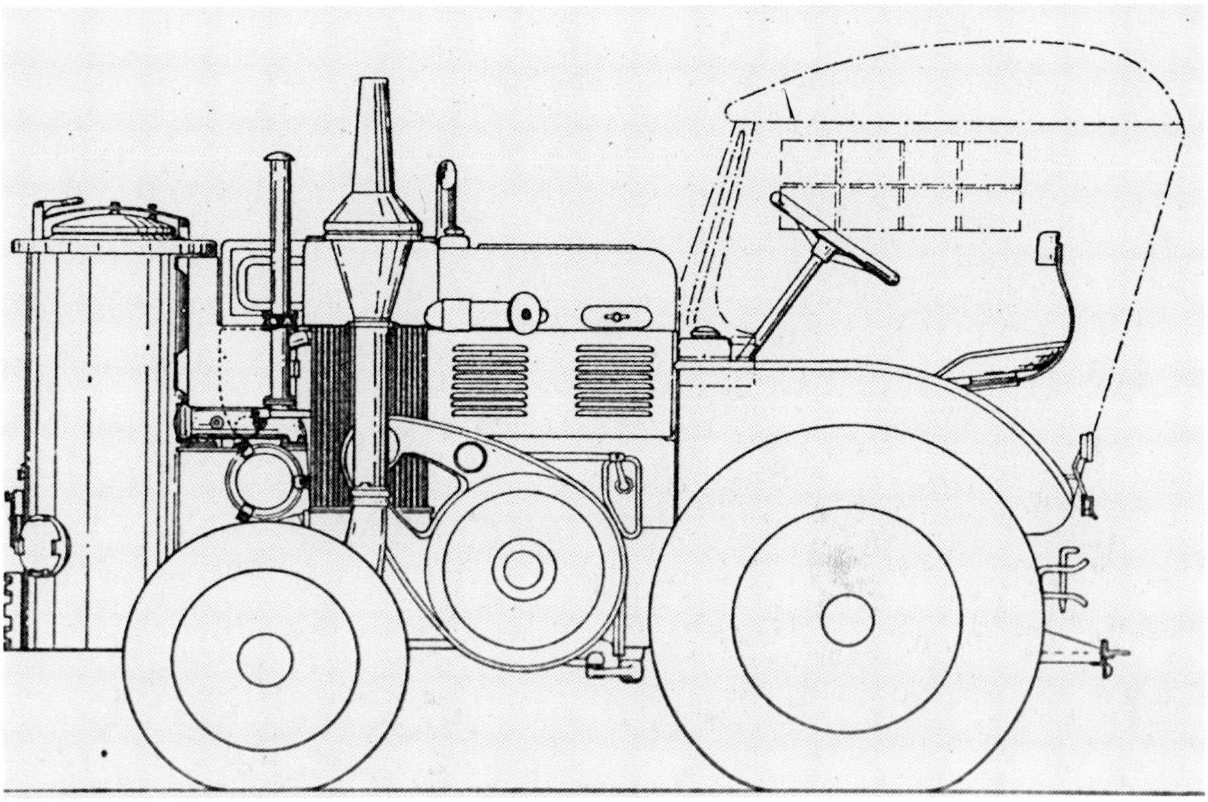

Der Entwurf eines Holzgas-Bulldogs mit extrem hohem Motoraufbau.

Typenübersicht mit D-Nummern und PS-Angaben

soweit heute noch bekannt

Typ/PS		D-Nummer	Art und Ausführung des Bulldogs
HNG 3	20/25 PS	D 7506-Gas	Acker-Luft-Bulldog, Zweistoff-Verfahren, 4,766 l Hubraum
HRG 7	30/35 PS	D 8506-Gas	Acker-Luft-Bulldog, Zweistoff-Verfahren, 10,3 l Hubraum
HRG 8	40/45 PS	D 9506-Gas	Acker-Luft-Bulldog, Zweistoff-Verfahren, 10,3 l Hubraum
HRG 9	50/55 PS	D 2539-Gas	Eil-Bulldog, Zweistoff-Verfahren, 10,3 l Hubraum
HNO	25 PS	D 7006	Acker-Luft-/Acker-Bulldog Reingas, 7,3 l Hubraum
HRO 7	32 PS	D 8006	Acker-Luft-/Acker-Bulldog Reingas, 13,8 l Hubraum (nur geringe Stückzahlen!)
HRO 8	40 PS	D 9006	Acker-Luft-Bulldog Reingas, 13,8 l Hubraum
HRO 9	55/40 PS	D 2039	Eil-Bulldog, Reingas, 13,8 l Hubraum
HNO-U	25 PS	D 7006-U (D 7506)	Um-, Rückbau auf Gasöl-Glühkopf-Motor, 7,3 l Hubraum
HRO-U	40 PS	D 8006-U (D 8506)	Um-, Rückbau auf Gasöl-Glühkopf-Motor, 13,8 l Hubraum
	45 PS	D 9006-U (D 9506)	Um-, Rückbau auf Gasöl-Glühkopf-Motor, 13,8 l Hubraum
	55 PS	D 2039-U (D 2539)	Um-, Rückbau auf Gasöl-Glühkopf-Motor, 13,8 l Hubraum

Anmerkung: Die seinerzeit gemachten PS-Angaben waren etwas verwirrend, da die Höchst- bzw. die Dauerleistungen sowohl bei flüssigem Kraftstoff als auch bei Holzgas angegeben wurden. Zusätzlich wurde beim Eil-Bulldog die Höchstleistung bei verminderter Drehzahl von 630 U/min angeführt, die damals gemäß § 36a StVZO vorgeschrieben war.

Ab etwa 1943 wurden wegen der weiter verschärften Rohstoffverknappung auch die Sechsgang-Maschinen für die landwirtschaftliche Verwendung mit Eisenrädern ausgerüstet.

Klaus Borig

Tanks einen Werkzeugkasten, der in seiner Form dem früheren Kraftstoffbehälter glich. Die Umbauanweisung beschrieb genau, wie der Deckel zu verschweißen und welche Bohrungen und Anschlüsse anzubringen waren, um daraus einen Kraftstoffbehälter zu fertigen.
Leider ist von den Rückbauten kein Zahlenmaterial überliefert, auch läßt sich dies rückwirkend nicht mehr annähernd feststellen, denn etliche Besitzer erledigten die Um- bzw. Rückbauten in eigener Regie. Auch die Methode „Aus zwei mach eins" wurde angewandt, um wenigstens eine Maschine zum Laufen zu bringen.
Glücklicherweise wurden einige wenige Holzgas-Bulldogs der Nachwelt im Originalzustand erhalten und auch in der Zeit des aufkommenden Wohlstandes nicht verschrottet. Sie befinden sich heute in Sammlerhänden und werden liebevoll gepflegt.

Der Autor:
Klaus Borig, Dipl.Ing. F.H., Jahrgang 1941, verbrachte als Kind die Nachkriegsjahre in einem Dorf in Unterfranken. Dort gab es damals zwei Lanz-Bulldogs, die für ihn das große Ereignis waren. Das typische Lanz-Bullern hatte sich offensichtlich in seinem tiefsten Unterbewußtsein festgesetzt und kam dann Anfang der achtziger Jahre wieder zum Ausbruch. Seither beschäftigt er sich vorwiegend mit Glühkopf-Bulldogs, von denen er auch einige besitzt.
Er bemühte sich bereits vor Jahren, die Freunde von Oldtimer-Traktoren in Nordbayern zu vereinen und Aktivitäten auf diesem Gebiet zu koordinieren, was bei einer Zahl von mehr als 250 „Gleichgesinnten" als erfolgreich bezeichnet werden darf.

Bei dieser Gelegenheit sei all jenen Lanz-Freunden Dank gesagt, die mit Rat und Tat beim Zusammentragen von Informationen zu diesem Kapitel beigetragen haben. Besondere Erwähnung gebührt hier etlichen Freunden in der DDR.

Schlepper-Produktion der HNG-, HRG-, HNO- und HRO-Bulldogs

	1941	1942	1943	1944	1945	1946
HNG 3		← 1684	→			
HRG 7/8		← 313	→			
HRG 9	←	150	→			
HNO			←	1437	→	
HRD 7/8			←	1017	→	
HRO 9			←	?	→	
HNO-U						218
HRO-U						108
HRO 9-U						?

Dr. Ing. Reinhart Stier, der Wissenschaftler, der den Bulldog-Motor auf Gasbetrieb umbaute

Dr. Ing. Reinhart Stier

Das war mein Leben

Am 16. Januar 1915 wurde ich als Sohn des Studienrates Friedrich Franz Stier und seiner Frau Ida, geb. Schulz, in Rostock in Mecklenburg geboren und in diese damals schon reichlich turbulente Welt gestellt. Nun, viel ruhiger wurde die Welt seitdem nicht mehr! Aber mein Vater war Beamter und nicht unvermögend. So hatte ich eine relativ behütete Jugend. Drei Jahre Grundschule und neun Jahre Realgymnasium vermittelten mir die damals übliche Bildung. Schon früh kam meine Begabung für Mathematik und Physik zum Ausdruck. So waren meine Abiturnoten in diesen Fächern auch jeweils ein „Sehr gut".

Infolge einer starken Vorliebe für die Romane von Edgar Wallace und Agatha Christie wollte ich Polizeioffizier werden. Aber dort, wie auch bei der Reichswehr, nahm man nur besonders gute Sportler oder Jungen mit entsprechender Verwandtschaft. So wurde ich zunächst Schlosserlehrling bei Heinkel, da mein Vater als Lehrer der Heinkel-Söhne Beziehungen zu dem „Alten" hatte. Nach anderthalb Jahren brach ich die Lehre ab und meldete mich freiwillig für den Dienst bei der Reichswehr, von der ich Herbst 1935 als Gefreiter entlassen wurde. Nun begann das Studium an der Technischen Hochschule Charlottenburg in der Sparte Maschinenbau, Fachrichtung Flugzeugbau. Schon 1936, ab dem dritten Semester, verdiente ich mir ein Zubrot als Hilfsassistent am Lehrstuhl für Luftfahrtwesen bei Prof. Wagner. Anfang 1938 legte ich mein Vorexamen ab, und Ende 1939 bestand ich das Hauptexamen als Diplom-Ingenieur.

Nun war Kriegszeit, und ich mußte mit dem Einberufungsbefehl rechnen. Aber ich war ab dem 1. Januar 1940 bei meiner alten Lehrfirma Heinkel „uk" gestellt und im Team zur Entwicklung von Strahltriebwerken tätig. Dort entwickelte ich zunächst schnellaufende Zweitaktmotoren für hohe Leistungen von 2000 PS und mehr. Danach kam die Versetzung nach Stuttgart zur Heinkel-Filiale „Hirth-Motoren", als stellvertretender Abteilungsleiter, zuständig für die Konstruktion von Axialgebläsen bis zu 10000 PS. Es war die Zeit der ersten Strahltriebwerke von Dr. von Oheim und Max Adolf Müller. So war ich auch Zeuge des ersten reinen Strahltriebwerk-Fluges der Welt Anfang 1940 bei Heinkel in Marienehe.

Als Mitte 1942 diese Entwicklung bei Heinkel zu stagnieren begann, wechselte ich, trotz aller Gefahren, in der zweiten Hälfte 1942 die Arbeitsstelle. Mir war die Stellung eines ersten Assistenten am Lehrstuhl für Kolbenmaschinen an der TH Dresden angeboten. Prof. List, damals einer der führenden Wissenschaftler auf diesem Gebiet, bot mir diese Stelle mit der Aussicht an, bei ihm zu promovieren und Forschungsaufträge am Institut für Wärmekraftmaschinen, dem früheren Mollierschen Institut, zu bearbeiten. Also war ich ab dem 10. Oktober 1942 in Dresden, wo ich als ersten Auftrag die Weiterentwicklung des berühmten Bulldog-Motors der Firma Lanz, Mannheim, erhielt. Die Arbeiten verliefen sehr vielversprechend, mit dem Ergebnis einer Leistungssteigerung von 30 Prozent. Sie wurden durch die Zerstörung Dresdens am 13. Februar 1945 unterbrochen.

Nach dem Kriege arbeitete ich zunächst privat

an meiner Doktorarbeit und war bis April 1946 weiter Mitarbeiter von Prof. List, der mit dem Großteil seiner Mitarbeiter des Instituts nach Vilsbiburg in Niederbayern ausgewichen war. Am 16. Juni 1947 nahm ich nach meiner Entnazifizierung eine Stelle als selbständiger Konstrukteur bei der Firma Gutbrod in Plochingen an, um auch dort schnellaufende Zweitakt-Motoren, allerdings geringerer PS-Stärke, zu entwickeln. Im Mai 1948 wechselte ich aus persönlichen Gründen zur beratenden Kommission für den Straßenverkehr der Französischen Zone nach Baden-Baden über, wo ich als Leiter der statistischen Abteilung arbeitete. Im Januar 1949 gelang es mir dann, eine Anstellung als selbständiger Konstrukteur bei der Firma Lanz in Mannheim zu erlangen, wo ich 1951 offiziell Leiter der Motorenentwicklung und Stellvertreter des Entwicklungschefs Anton Lentz wurde. Wir entwikkelten eine neue Reihe von Bulldog-Motoren mit für damalige landwirtschaftliche Maschinen sensationell niedrigen Verbrauchswerten von bis zu 150 gr/PSh. Auch Mehrzylindermotoren mit ähnlichem Aufbau wurden von mir entwickelt. Bei Lanz kündigte ich zum 31. März 1954, weil ich meinte, daß es für mich dort kein Vorwärtskommen mehr gab, und übernahm am 1. April 1954 als Leiter der Entwicklung bei der Firma Ilo in Pinneberg ein neues Aufgabengebiet. Auch hier waren Zweitakt-Motoren für Gewerbe und Fahrzeuge, insbesondere für Motorräder und landwirtschaftliche Maschinen das Hauptprodukt. Es gelang mir in kurzer Zeit, neue konkurrenzfähige Motorenreihen zu schaffen, von denen die Firma noch lange profitiert hat. Hier erkannte ich, daß meine Hauptbegabung darin bestand, durch Zusammenfassung vorhandener Erkenntnisse und Hinzufügen neuer Ideen wesentliche Fortschritte in der Entwicklung zu erzielen.
In Pinneberg arbeitete ich vom 1. April 1954 bis 30. Juni 1958. Mitte 1957 wurde die Firma vom Besitzer Heinz Christiansen an den amerikanischen Rockwell-Konzern verkauft.
Ich schied deshalb Mitte 1958 bei Ilo aus und wurde sofort bei der Firma Robert Bosch GmbH in Stuttgart eingestellt. Als Gruppenführer für die Konstruktion entwickelte ich zunächst Einspritzpumpen für Dieselmotoren. Es gelang mir, mit einigen bedeutenden Erfindungen meine Position zu festigen, und ich entwickelte eine neue Pumpenreihe für Hochdruckeinspritzung, die P-Pumpe.

Dr. Stier besucht die landw. Ausstellung 1952 in Hannover.

Mitte 1961 bestellte man mich dann zum Abteilungsleiter für die Entwicklung von Kältegeräten und versetzte mich nach Giengen a.d.Brenz in das Hausgerätewerk von Bosch. Dort wurde ich 1963 Gruppenleiter für die Gesamtentwicklung Hausgeräte. 1964 wurde ich Geschäftsführer der Robert Bosch Hausgeräte GmbH, Bereich Entwicklung, und nach der Fusion mit der Siemens Elektro GmbH 1965 stellvertr. Geschäftsführer der neu gegründeten Bosch Siemens Hausgeräte GmbH.
So habe ich oft die Firma gewechselt. Die Kette ging von Heinkel über die Technische Hochschule Dresden zu Gutbrod, Ilo und Bosch. Auch das Sujet wechselte: Vom 10000-PS-Strahltriebwerk über den 3000-PS-Flugmotor zum 30-PS-Motor bei Gutbrod, Lanz und Ilo, bis zum Kältekompressor von 0,5 PS bei Bosch. Geblieben ist meine Vorliebe für Neues, bis dato nicht Verwirklichtes! So hatte ich ein erfülltes Berufsleben, für

das ich dankbar bin. Auch sonst war das Schicksal mir wohlgesonnen. Es schenkte mir ein liebes Weib, zwei gesunde Kinder nebst Schwiegerkindern und eine muntere Schar Enkel.
Seit 1978 lebe ich im Ruhestand in der gemütlichen Kleinstadt Giengen und pflege meine Hobbies: Reisen und Schreiben (Science fiction).

Reinhart Stier

Episode LANZ

Es war im Jahre 1943. Ich war gerade noch rechtzeitig vor den ersten Luftangriffen von Stuttgart in die schöne Stadt Dresden übergewechselt. In Stuttgart-Zuffenhausen hatte ich bei der Fa. Ernst Heinkel im Zweigwerk Hirth-Motoren für unsere „glorreiche Luftwaffe" Strahltriebwerke entwickelt. Dann packte mich der Wandertrieb, und ich bewarb mich als Hauptassistent bei Professor List. Als Leiter des alten Instituts für Wärmekraftmaschinen und Thermodynamik, das bekannte Molliersche Institut, hatte er damals in Deutschland, ebenso wie in der ganzen Fachwelt, einen hervorragenden Ruf als Spezialist für Verbrennungskraftmotoren aller Art. Dort wollte ich trotz Krieg und Notzeiten arbeiten und nach Möglichkeit auch meine Dissertation schreiben.
Nun, ich war ein knappes halbes Jahr im Institut, hatte mich in meine Tätigkeit als Assistent am Lehrstuhl und Leiter des Konstruktionsbüros für alle Konstruktionsprobleme des Instituts gut eingearbeitet, als Prof. List eines Tages im Frühjahr 1943 in mein Büro geschlendert kam und fragte: „Nun, Herr Stier, habens' noch a bisserl Zeit für Forschungsprobleme? Ich hätt' da was für Ihre Doktorarbeit!"
Professor List war Grazer, ein Reichsdeutscher wie man damals sagte, und sein österreichischer Dialekt war unverkennbar.
„Natürlich, Herr Professor", war meine neugierige Antwort. „Ich warte schon lange auf eine solche Chance." „Ja, 's wird Ihnen a bisserl prosaisch vorkommen nach Ihren Arbeiten an Strahltriebwerken. Ich hab' da eine Anfrage der Firma Lanz aus Mannheim. Die haben mit ihren Einzylinder-Bulldogmotoren bei der Umstellung auf Holzgas-Betrieb Schwierigkeiten. Da sollen wir a bisserl nachhelfen. Sie kennen doch die Firma Lanz?"

Ja, ich kannte die Firma Lanz! Schon in meinen Knabenjahren, auch später als Student, hatte ich die Maschinen dieser Firma während der Ferien auf den Gütern meiner Onkel in Zierzow, Ganzlin und Fährdorf auf Poel (Mecklenburg) bewundert. Lanz war bis zum Krieg die marktbeherrschende Firma für landwirtschaftliche Maschinen für Groß- und Mittelbetriebe gewesen. In guter Erinnerung war mir noch, daß mein Onkel Kurt auf Fährdorf, ein Reserveoffizier der Artillerie, jeden Samstag alle seine fünf Bulldog-Schlepper in Reih' und Glied auffahren ließ. Die Fahrer mußten die Zylinderköpfe abschrauben. Dann erschien mein Onkel und inspizierte die blanken Zylinder: „Heinrich, da mußt Du noch kräftig putzen!" Und er deutete mit seinem Stock auf ein paar schwarze Stellen im Auspuffschlitz. Alle vier Wochen ließ er auch die Kolben ausbauen und überprüfte die neben den Bulldogs aufgestellten Kolben und Pleuellager.
Ja, ich kannte die Firma Lanz. Ihre Schlepper gaben den Namen für alle landwirtschaftlichen Antriebsmaschinen aller Hersteller: Die Bulldogs! Aber auch alle anderen Maschinen, die der Großgrundbesitz benötigte, stammten von Lanz in Mannheim: Dreschmaschinen, Mäher und vieles mehr. Im ganzen deutschen Osten gab es fast nur Lanz-Maschinen. Ganz dunkel ist mir auch ein Lanz-Dampfschlepper in Erinnerung, welcher so etwa 1919/20 bei meinem Onkel Otto in Zierzow Pflüge an Seilen hin- und herzog und nebenbei noch Dreschmaschinen antrieb.
Un nun sollte der Bulldog auch mit Holzgas arbeiten! Als Allesfresser – mit seinem Glühkopfmotor – war er ja berühmt. So wurde mein Auftrag formuliert, und bald kam ein Eisenbahnwagen mit Motoren, Holzgasgeneratoren, Prüfstandelementen und vielen Ersatzteilen in Dresden an. Dazu kam Herr Mayfahrt, ein Mechanikmeister und Monteur, der nach meinen Angaben den Prüfstand im Keller unseres Institutsgebäudes zusammenbaute.
Ich fuhr mehrmals nach Mannheim, und der Leiter der Motoren- und Schlepperentwicklung, Herr Oberingenieur Anton Lentz und ein Herr Sieweke erläuterten die Wünsche und die speziellen Probleme mit diesem Motor.
„Erhöhens' die Leistung um 20 Prozent und senken den Verbrauch um 15 Prozent, so habens' den Doktor in der Tasche", lächelte Prof. List, als ich ihm die Probleme unseres neuen Kunden erläuterte. Und was war, vereinfacht dargestellt,

das Zaubermittel des Erfolgs? Zunächst mußte ich die große Unterdruck-Empfindlichkeit des Motors beseitigen, die den Generatorgasbetrieb in Frage stellte. Dies geschah durch eine Schlitzsteuerung am Ende des Ansaughubes, also in der Nähe des oberen Totpunktes des Kolbens, die vom unteren Kolbenrand gesteuert, Frischluft in den Kurbelkasten nachströmen ließ.
Weiter gelang es mir, eine von List und Pischinger entwickelte Theorie zur Berechnung des Gaswechsels von Viertaktmotoren auf den Zweitaktmotor zu übertragen. Wir änderten sie so ab bzw. erweiterten sie, daß sowohl auf der Ansaugseite als auch auf der Auspuffseite die Rohrlänge von Auspuff- sowie Ansaugrohren durch ihre Eigenschwingungen die Ladung des Zylinders vergrößerten, anstatt sie (wie bisher) zu verkleinern. Dies wurde durch rechnerische Abstimmung von Länge und Durchmesser erreicht. Dazu entwickelten wir ein mechanisches Indizierverfahren zur Messung von Gasdrücken in diesen Rohrsystemen sowie im Zylinder beim Spülvorgang. Dadurch erreichten wir eine bessere Ausspülung des Zylinders, eine bedeutende Erhöhung der Ladung und damit den geschilderten Effekt.
Es waren zwei Jahre intensiver Arbeit, in enger Zusammenarbeit mit den Mannheimer Herren. Meister Mayfahrt war mir eine große Hilfe, und so konnten Erfolge nicht ausbleiben. Ich zitiere aus meiner Dissertation: „Das Endergebnis der Untersuchung am D-7006-Bulldog-Motor waren eine Leistungserhöhung von 29 auf 42 PS und eine Verbrauchssenkung von 3300 Kcal/PSH auf 2800 Kcal/PSH."
Nach diesem Erfolg mußte ich oft auch Sonderaufgaben für Lanz bearbeiten. So erinnere ich mich noch mit Vergnügen, wie eines Tages zwei große Fässer mit Kokosfett in Dresden eintrafen, mit dem Auftrag, zu prüfen, unter welchen Umständen der Bulldog-Motor auch diesen appetitlichen Brennstoff verarbeiten könnte. Ich glaube, die Anfrage kam aus irgendeinem damals noch neutralen Land in Vorderasien. Auch dieser Auftrag wurde prompt zur Zufriedenheit des Kunden wie auch der Firma Lanz mit einer Aufheizung des Fettes durch Auspuffgase gelöst. Dabei spielte die sowieso notwendige Lötlampe für den Glühkopf die Rolle der Vorheizung. Jedoch das Beste war, daß nur ein Faß zur Lösung der Aufgabe gebraucht wurde, den kostbaren Inhalt des zweiten Fasses teilten wir uns brüderlich und stellten Bratkartoffeln her! Die Bulldog-Versuche waren auch zu appetitanregend, denn der Auspuff roch intensiv nach Bratfett.
Dann kam das Inferno. In drei Schüben wurde die Stadt Dresden am 13. Februar 1945 durch Luftangriffe völlig zerstört, und alle wissenschaftliche und technisch-kreative Aktivität erlosch, obwohl die Industrie kaum getroffen und meine Prüfstände nicht beschädigt waren. Aber über 60000 Tote und die Zerstörung des ganzen Stadtkerns waren einfach nicht zu verkraften. Die Technische Hochschule Dresden war ein Trümmerhaufen, nur unser Institutsgebäude mit den Büros und den Kellern hatte überstanden. Nach einigen vergeblichen Versuchen, wieder für den „Endsieg" zu arbeiten, packte ich meine Frau und ein paar Sachen in einen der Instituts-PKWs und versuchte, über die damals noch unbesetzte West-ČSR nach Vilsbiburg in Niederbayern zu gelangen, wohin sich Prof. List in weiser Voraussicht mit seinen wissenschaftlichen Mitarbeitern bereits Ende 1944 abgesetzt hatte.
Das war natürlich das Ende meiner Versuchsarbeiten für die Firma Lanz. Aber Lanz und seine Entwicklungsmannschaft existierten weiter. Ich erreichte nach abenteuerlicher Flucht durch Böhmen, Karlsbad und Marienbad Mitte 1945 Vilsbiburg und nahm von dort aus mit Lanz wieder Verbindung auf. Doch die Firma war demontiert und ebenfalls ein Trümmerhaufen. Aber Anton Lentz und seine Mannschaft waren bereits wieder tätig. Verbissen und zunächst ohne festen Lohn, war die ganze Belegschaft von Lanz dabei, Trümmer zu beseitigen und wieder, wenn auch primitiv zu arbeiten. Zwar wurde zunächst nur „demontiert", denn Mannheim lag erst in der französischen, dann in der amerikanischen Zone. Aber durch viel List und Erfindungsgabe blieb doch noch eine gewisse maschinelle Kapazität übrig.
Ich war ständig mit Lanz bzw. dem Oberingenieur Lentz in Verbindung. Aber an eine Anstellung war nicht zu denken, bis endlich 1948 meine Entnazifizierung durchgezogen war und der Betriebsrat meine Einstellung genehmigte. So konnte ich Anfang 1949 meine Tätigkeit als selbständiger Konstrukteur bei Lanz aufnehmen. 1951 wurde ich offiziell Leiter der Motorenentwicklung und Stellvertreter von Anton Lentz.
Das Herzstück des Mannheimer Werkes, überhaupt der Firma Lanz, war zu jener Zeit der Bulldog. Der Vater des Bulldogs, Dr. Fritz Huber (1942 verstorben), war ein Original gewesen, und

viele seiner Aussprüche waren immer noch Leitlinie und unantastbar heilig. Eines seiner Sprichwörter lautete: „Eine landwirtschaftliche Zugmaschine kann nicht einzylindrig genug sein!" Und er hatte für seine Zeit damit sogar nicht unrecht. So konnten der kräftige Zylinderblock und das Kurbelgehäuse gleichzeitig das tragende Rückgrat des Schleppers bilden, und man ersparte sich das Chassis. Die ganze Schlepperkonstruktion ging von Motor und Getriebe aus und bildete eine harmonische Einheit. Dazu kamen noch funktionelle Vorteile: Durch die relativ langsame Drehzahl und den großen Hubraum ergab sich ein stark schwankendes Antriebsmoment, das sich günstig auf die Wirksamkeit der Zugkraft auswirkte. Anton Lentz verglich das immer mit dem „Hau-ruck"-Verfahren, das wir alle kennen, wenn wir eine festgefahrene Karre aus dem Dreck ziehen wollen. Er war auch derjenige, und das war seine „Erfindung", der den Vorteil der großen Antriebsräder gegenüber den relativ kleinen Durchmessern der Antriebsräder anderer Schlepperhersteller theoretisch begründete. So hielt er über das Thema: „Landwirtschaftliche Zugmaschinen" Vorlesungen an der Technischen Hochschule Karlsruhe, eine Ehre, die nicht vielen Nichtakademikern zuteil wurde.

Durch diese Konstruktionsmerkmale war die Gestalt des Bulldogs bereits vorgegeben: Einzylindrig mit liegendem Zylinder. Kolbenbewegung in Fahrt-Richtung und übergroße Hinterräder. Das waren die Trümpfe des Bulldogs. Aber der Haupttrumpf war doch seine Unempfindlichkeit gegenüber den Kraftstoffen. Er war der einzige wirklich funktionierende Rohöl-Motor. Aber er konnte auch pflanzliche Öle und Fette verbrennen und wurde sogar mit Holzgas fertig. Dafür mußten seine Benutzer gewisse Nachteile in Kauf nehmen. So den Start mit der Lötlampe. Erst mußte der „Glühkopf" mit dieser Lampe glühend gemacht werden, ehe man ihn „anschaukeln" konnte. Und dann sprang er oft in der falschen Drehrichtung an, so daß man ihn „umsteuern" mußte. Deshalb auch als wichtigstes Anzeigeinstrument der Drehrichtungsanzeiger.

Es kam oft vor, daß der Bulldog mit dem eingelegten Vorwärtsgang rückwärts fuhr. Bosch hatte für den Bulldog sogar einen speziellen Schaukelanlasser gebaut. Er ließ sich zwar relativ leicht umsteuern, aber immerhin ...!

Zu Beginn meiner Zeit bei Lanz war der Marktanteil dieser Firma an landwirtschaftlichen Maschinen noch recht hoch. Dank des fast legendären Rufes, den Lanz immer noch genoß, und dem relativ hohen Bestand der Produkte, die den Krieg überstanden hatten, kauften die Bauern doch wieder Lanz. Aber die Struktur des innerdeutschen Marktes hatte sich entscheidend gewandelt. Die Schwerpunkte des Absatzes von Lanz-Produkten hatten immer im Osten des Reiches bei den Großbetrieben gelegen. Die großen Güter in Mecklenburg, Pommern und Ostpreußen waren auf Lanz eingeschworen, und das Vertriebssystem ensprach diesem Kundenkreis. Der Lanz-Vertreter wurde vom Gutsherrn persönlich empfangen, und bei einer Flasche Pommery wurde der Bestellumfang für das Jahr festgelegt. Konkurrenz wurde nicht empfangen, da der Lanz-Vertreter fast integer war und halbwegs als „gleichrangig" galt. Entsprechend war das Auftreten dieser Herren, die nicht selten selbst dem Landadel angehörten.

Das hatte nun ein Ende gefunden. Die Ostgebiete waren verloren. Auch in der russischen Zone war der Vertrieb von Lanzprodukten stark erschwert und zunehmend unmöglich. Dazu kamen unerlaubte Nachbauten, wie etwa in Polen der Ursus, welche aufgrund erbeuteter Konstruktionszeichnungen den Bulldog unbekümmert kopierten. Seltsam war nur, daß diese Kopien nicht recht funktionieren wollten. Das lag wohl daran, daß die Werkstattzeichnungen oft nicht die ganze Wahrheit erfaßten. Erstens stammten die erbeuteten Zeichnungen nicht aus dem gleichen Zeitraum, zweitens fehlten natürlich die internen Fertigungshinweise, ebenso auch die jahrelange Erfahrung der Bulldog-Bauer. So baten nicht selten diese „Raub-Bauer" inoffiziell um Hilfe.

Dadurch war das Lanz-Image in vielen Entwicklungsländern gewaltig gestiegen, wie etwa in Indien, wo nach dem Krieg nur noch die Lanz-Bulldogs liefen, da diese Konstruktion nicht unbedingt auf vorgefertigte Ersatzteile angewiesen war. Ein ausgelaufenes Pleuellager war kein Problem! Man baute das beschädigte Lager aus, goß es mit einer vorhandenen Bleilegierung aus, schabte es von Hand passend mit einem Stahlschaber ein, und fertig war die Laube. Die ganze Konstruktion war auf Selbsthilfe mit örtlich gegebenen Mitteln ausgelegt. Hinzu kam, daß in Kriegszeiten die herkömmlichen Brennstoffe oft nicht greifbar waren.

So versuchte Lanz vor allem den Vertrieb im Ausland zu forcieren. Ich erinnere mich an eine Ausstellung in der Umgebung von Paris im Jahre 1950. Beeindruckend für mich war das Verhältnis der französischen Monteure und Arbeiter zu ihren Vorgesetzten. So war es selbstverständlich, daß der Leiter der Regionalvertretung mit seinen Monteuren und Hilfskräften jeden Mittag in einem Restaurant in der Nähe des Ausstellungsgeländes ein Menü mit zahlreichen Gängen zu sich nahm. Das war für uns Deutsche völlig neu und den leitenden Herren recht ungewohnt. Im übrigen war das Verhalten der deutschen Aussteller ein Stein des Anstoßes und forderte Kritik und Zorn der französischen Konkurrenz heraus. Die Ausstellung war ab acht Uhr geöffnet. Die Deutschen waren auch schon da, nur die Franzosen öffneten ihre Stände erst gegen 10 Uhr. Um 12 Uhr ging man zum Déjeuner (ausgedehntes Mittagessen), während die impertinenten Deutschen ein Butterbrot aus der Aktentasche zogen und weitermachten. Bis die Herren Franzosen so gegen 16 Uhr wieder erschienen, war das Geschäft weitgehend gelaufen, und den Herren der einheimischen Konkurrenz blieb nur ein unbändiger Zorn auf die gottverdammten „Boches".

Im übrigen gab es auch in Frankreich eine Firma, welche die Bulldogs nach erbeuteten Unterlagen nachzubauen versuchte, mit ähnlichem Erfolg wie die Polen.

Die beiden Wochen in Paris waren für mich ein unvergeßliches Erlebnis. Es war meine erste berufliche Auslandsreise, und ich war angenehm überrascht, daß es bei den Franzosen keinerlei Haßgefühle uns gegenüber gab. Im Gegenteil, das Verhalten der US-Army bei der „Befreiung" Frankreichs erweckte bittere Gefühle gegen die oft sehr unbekümmert auftretenden Amerikaner. Aber ich lernte auch den französischen Hochmut kennen. Ein Vergleich des glorreichen Frankreichs mit dem barbarischen Deutschland war unzulässig. Das kam anschließend an der Ausstellung zutage, als einige französische Monteure in Mannheim zu einem Schulungskurs eintrafen. Unser Kantinenessen war bestimmt nicht schlecht, aber die Franzosen murrten: „Wir sind doch keine Schweine! Wir fressen nicht aus einem Trog!" Gemeint war das übliche Tellergericht. Große Aufregung bei der Direktion. Was konnten wir tun? Auch das normale Mittagessen in einer in der Nähe der Fabrik gelegenen Gaststätte war unakzeptabel. Schließlich aber konvenierte den Herren das Essen im Restaurant „Rosengarten", dem vornehmsten Schuppen in ganz Mannheim!

Aber trotz aller Teilerfolge waren die Sorgen der Vertriebsorganisation groß. Die vorhandenen Konstruktionen waren veraltet. Auch der berühmte Glühkopfmotor war in Verbrauch und Leistungsausbeute unbefriedigend und entsprach nicht mehr den Anforderungen der Zeit. Hier war die Entwicklungsabteilung unter Anton Lentz gefordert. Zwar ging im mittleren Management der Spruch um: „Solange bei Lanz der Lentz herrscht, kann der Lenz beim Lanz nicht kommen!" Doch die oberste Direktion schenkte Anton Lentz noch ihr Vertrauen.

Aber nun war ich für die Motorenentwicklung unter der Oberleitung von Anton Lentz zuständig.

Bald konnte ich an die von mir geleisteten Vorarbeiten aus der Dresdner Zeit anknüpfen und damit eine neue Phase in der Motorenentwicklung bei Lanz einleiten.

Immer wieder finden sich Eigenbaukonstruktionen, meist aus Ostblockländern, die nach Kriegsende von Praktikern gebaut wurden, wie hier die Reste eines Brennabor-Lastwagens aus den beginnenden dreißiger Jahren und einer der ersten gefertigten 12er-Bulldog-Motoren von 1921. Der Konstrukteur baute diese Teile zu einer Straßenzugmaschine zusammen, wobei der Verdampfermotor eine geschlossene Kühlanlage erhielt. Außerdem verfügte das Gefährt über ein Getriebe mit zwei Vorwärts- und einem Rückwärtsgang. Heute schmückt das Gefährt die umfangreiche Privatsammlung Liese in Reichensachsen bei Eschwege. Foto: Kurt Häfner

Einst schmückte diese Medaillentafel das Büro von Heinrich Lanz, heute ist sie der Stolz der Familie Rosai auf Schloß Teising.
Mitte der fünfziger Jahre war die Tafel auf mysteriöse Weise aus dem Lanz-Werk verschwunden, bis sie nach drei Jahrzehnten Irrfahrt über Paris, Köln und München schließlich in den Besitz der Familie Rosai gelangte.

Ein Schmuckstück aus dem Auto- und Technik-Museum in Sinsheim: Eine Lanz-Dampfstraßenwalze aus dem Jahre 1918. Man beachte den erstmals von Lentz gebauten und von Lanz patentierten Regler, den Vorläufer des Bulldogreglers. Fotos: K. Häfner

Oben und rechts:
Auch das gibt es noch: Alfred Rosai konnte tatsächlich vor kurzem einen Lanz-Felddank mit dem stehenden Zweizylinder-Glühkopfmotor in seine Sammlung bekommen.
Rechte beim K.M.H.-Verlag

Linke Seite unten:
Dieser Lanz-Dampfschlepper, bis jetzt ein Einzelstück, ist heute in Niederbayern zu finden. Er gehört zur Sammlung von Helmut Härtl, der ihn in über 1500stündiger mühevoller Kleinarbeit wieder voll funktionsfähig restauriert hat.
Fotos: K. Häfner

Landini, der erfolgreichste Lanz-Glühkopfschlepper-Nachbau aus Italien. Diese sauber restaurierte Maschine, die bei einem Hubraum von 12,5 Litern 50 PS leistet, gehört Franz Aigner aus Rosenheim.
Foto: K. Häfner

Die einzige in Sammlerkreisen noch bekannte HSCS-Raupe nennt Hans Lehbacher sein eigen. Die technische Restaurierung ist nahezu abgeschlossen, die optische steht ihr noch bevor.
Rechte beim K.M.H.-Verlag

Teil 7
Raupen-Bulldogs

Die Entwicklung der Kettenfahrzeuge

Verfolgt man die Spur der Kettenfahrzeuge zum Ursprung ihrer Entstehung zurück, so führt der Weg zunächst durch einige europäische Länder bis nach Amerika.
Hier lassen sich viele Spuren nachweisen, die aber bald nach ihrem Erscheinen wieder verschwanden, meist aus Gründen technischer Unzulänglichkeiten.
Die entscheidende Spur führt nach den USA, ins Tal von San Joaquin in Kalifornien. Dort lebte in der zweiten Hälfte des 19. Jahrhunderts der Großgrundbesitzer Charles Moreing. Zu seinen Ländereien gehörten große Gebiete aus weichem Torf. Der weiche Untergrund machte eine Bewirtschaftung mit den damals vorherrschenden, dampfgetriebenen Bodenbearbeitungsmaschinen oder Dampfschleppern unmöglich, und Handarbeit bedeutete angesichts der riesigen Flächen harte Knochenarbeit. In seiner Not wandte sich Charles Moreing an Benjamin Hold, den Gründer der in Stockten ansässigen Firma Wheel Company.
Benjamin Hold, damals als findiger Konstrukteur hervorgetreten und seit 1890 durch den Bau dampfgetriebener Zugmaschinen bekannt, sah dies als Herausforderung und machte sich daran, eine Radkonstruktion zu entwickeln, die, an einer dampfgetriebenen Bodenbearbeitungsmaschine montiert, einen geringen Bodendruck erzeugen sollte.
Die neu entwickelte, extrem schwerfällige Maschine wurde im Jahre 1892 in der inzwischen nach dem Gründer umbenannten Firma „Benjamin Hold Manufacturing Company" fertiggestellt. Diese eigenartige Zugmaschine verfügte über walzenähnliche Räder mit einem Durchmesser von etwa 30 Zentimeter und einer Breite von nahezu zwei Metern. Sie waren in Dreiergruppen jeweils rechts und links am Rumpf der Maschine angebaut.
Mit dieser Maschine war eine maschinelle Bearbeitung der weichen Torfböden auf einer Breite von etwa 1,3 Metern möglich, doch war die technische Konzeption noch so unausgereift, daß der Bau von weiteren Maschinen dieser Art nicht in Erwägung gezogen wurde. Der Einsatz jedoch lieferte wertvolle Erfahrungen für die Entwicklung künftiger Maschinen.
Benjamin Hold dachte nun daran, die in seiner Fabrik gefertigten Dampfschlepper mit einem entsprechenden Fahrwerk auszurüsten, um auch diese für die weichen Moorböden einsatzfähig zu machen, wo sie dann als universale Zug- oder Antriebsmaschinen genutzt werden konnten. Bevor er jedoch diese Aufgabe in Angriff nahm, trat er eine Reise durch die Vereinigten Staaten an, immer auf der Suche nach ähnlichen Fahrzeugen und Konstruktionen von solchen. Um viele Anregungen und Erkenntnisse reicher – des Rätsels Lösung hatte er aber nicht gefunden –, reiste er schließlich zurück und machte sich selbst wieder an die Arbeit.
Im Jahre 1904 war es dann soweit, Benjamin Hold hatte bis dahin in seiner Fabrik eine Zuglokomobile so umgerüstet, daß sie „moortauglich" war, ohne in ihrer bisherigen Manövrierfähigkeit eingeschränkt zu sein. Auf die Räder baute er rechts und links der Maschine eine endlose Kette, auf deren Außenseite große Stahlplatten befestigt waren. Diese Stahlplatten ergaben aneinandergereiht eine so große Fläche, daß das Gewicht des fast zwanzig Tonnen schweren Dampfkolosses gleichmäßig verteilt wurde, ohne daß es in den weichen Torfboden einsank. Auf der Vorderseite war ein sehr breites, walzenähnliches Vorderrad eingebaut, mit dem die Maschine gelenkt werden konnte. Viel Mühe kostete die richtige Gewichtsverteilung auf die Räder und Ketten. Einmal war darauf zu achten, daß möglichst viel Gewicht auf die Radketten übertragen wurde, um hohe Zugkräfte zu erzielen, zum anderen aber war das Vorderrad so zu belasten, daß Kurvenfahrten möglich wurden. Um dabei die Antriebswellen und Antriebsaggregate zu schonen, baute Benjamin Hold jeweils eine Lenkkupplung vor jeden Kettenantrieb. Eine Mechanik sorgte beim Lenken dafür, daß die Kraftübertragung zur kurveninneren Kette durch die jeweilige Kupplung unterbrochen wurde.
Zur öffentlichen Vorführung des neuentwickelten Dampf-Ketten-Schleppers nutzte Benjamin Hold den nationalen Feiertag desselben Jahres und führte ihn in seiner Heimatstadt Stockten der Bevölkerung vor. Trotz großem Interesse und ersten Bestellungen wurden in den folgenden Jahren aber nur acht solcher Fahrzeuge gebaut, wie aus zeitgenössischen Unterlagen zu entnehmen ist.
Ab 1907 kamen anstelle der schweren, platzrau-

Holt-Raupenschlepper „Caterpillar" mit Benzinmotor.

benden Dampfmaschinen Benzinmotoren zum Einbau. Durch den Einbau dieser ungleich kleineren und doch gleichstarken Antriebsaggregate konnte das Gesamtgewicht auf weniger als die Hälfte reduziert werden. Der jetzt entstandene und inzwischen weiter verbesserte Ketten-Schlepper ließ sich in seinem Siegeszug nicht mehr aufhalten. Dazu verhalf auch der Umstand, daß der Ketten-Schlepper schnell über sein ursprüngliches Einsatzgebiet hinaus, die weichen Moorböden, Verwendung fand. So wurde er bei Waldrodungen, bei Transporten im unwegsamen Gelände, ja sogar in der Bauwirtschaft zum Heranschaffen von Baustoffen eingesetzt. Die eigenartige Fortbewegung brachte dem Kettenschlepper den Namen „Caterpillar", zu deutsch Raupe, ein. So war also der Raupen-Schlepper geboren worden. Der Erfolg dieser Maschine zog aber auch die Aufmerksamkeit anderer Hersteller und Fabrikanten auf sich. Einige von ihnen ließen sich nicht davon abhalten, ähnliche Konstruktionen nachzubauen. Als größter Konkurrent entwickelte sich dabei Daniel Best, der Inhaber der Firma C.L. Best. Im Jahre 1925 gelang Benjamin Hold ein Zusammenschluß mit Daniel Best, woraus die „Interessengemeinschaft Caterpillar Tractor' Company" in Peoria, Bundesstaat Illinois, hervorging.

Im Laufe der nächsten Jahre gelangten die ersten von Holds Raupenschleppern bis nach Europa, zunächst zu landwirtschaftlichen Großbetrieben.

Doch den entscheidenden Einfluß auf die rasche Verbreitung übten die Militärbeauftragten verschiedener europäischer Länder aus. Sie kauften diese Caterpillar zur Prüfung auf Eignung für militärische Zwecke. Eine der ersten europäischen Militärmächte, die einen dieser Raupenschlepper erwarb und vor den Kriegsjahren des Ersten Weltkriegs eingehend testete, war das österreichisch-ungarische Heer. Wurden die Tests auch im Jahre 1914 durch den Beginn des Ersten Weltkriegs vorzeitig beendet, so war man sich doch einig, dieses Fahrzeug als „besonders geeignet" einzustufen. Auch die Militärs des deutschen Kaiserreichs hatte man damals mit solchen Tests beauftragt. Ihr Urteil lautete allerdings: „Ohne Bedeutung für militärische Zwecke." Später im Verlauf der ersten Kriegsjahre zeigte sich jedoch der gründliche Irrtum dieses Urteils.

Um nun schnellstmöglich den technischen Vorsprung der Feind-Mächte aufzuholen, reagierten die Verantwortlichen damals mit der raschen Vergabe entsprechender Entwicklungaufträge an inländische Firmen. Vorzugsweise wurden solche Firmen ausgewählt, die sich schon seit längerem mit dem Bau von Rad-Zugmaschinen mit benzin-

Schießversuche mit der Lanz-Raupe am 4. 1. 1915 in Darmstadt.

getriebenen Verbrennungsmotoren beschäftigten und über entsprechende Erfahrungen verfügten. Hierzu zählte auch die Firma Heinrich Lanz. Lanz fertigte seit dem Jahre 1911 den Landbau-Motor, eine benzingetriebene Bodenfräse und Zugmaschine für den landwirtschaftlichen Einsatz. Seit Anfang des Krieges wurden diese Maschinen ohne Fräswerkzeug für den Kriegseinsatz gebaut. Die Artillerie-Prüfungskommission ordnete zu jener Zeit die Zugmaschinen in zwei Gruppen ein, zum einen schwere Radschlepper mit einer Anhängelast bis 20 Tonnen, zum anderen leichte Radschlepper mit einer Anhängelast bis 10 Tonnen. Die bei Lanz gebauten Zugmaschinen zählten zu den schweren Radschleppern bis 20 Tonnen. Damals wurde die Firma Lanz beauftragt, aus dem bestehenden Programm der Rad-Zugmaschinen eine Ketten-Zugmaschine zu entwickeln. Die technische Konzeption für das Kettenlaufwerk lieferte hierbei der Hold-Raupenschlepper „Caterpillar". Er war überhaupt zum Vorbild all jener Firmen geworden, welche sich zwischenzeitlich mit dem Bau von Ketten-Zugmaschinen befaßten.

Lanz-Kettenschlepper mit Benzinmotor und gepanzertem Fahrgestell wie er im Ersten Weltkrieg verwendet wurde. (Aus: Die Rad- und Kettenzugmaschinen des Deutschen Heeres. Mit frdl. Genehmigung des Motorbuch-Verlages).

Diese Entwicklungen führten schließlich zum Bau von Panzerfahrzeugen (nicht bei Lanz).
Wie der genaue Entwicklungsverlauf bei der Firma Lanz vonstatten ging, läßt sich aufgrund fehlender Unterlagen nicht mehr feststellen. Lediglich ein Bild mit dem Datum vom 4. Januar 1915 zeugt noch von Schießversuchen mit einer Lanz-Ketten-Zugmaschine in Darmstadt. Weiter lassen sich noch zwei Grundtypen nachweisen, welche in unterschiedlichen Ausführungen und mit verschiedenen Motoren ausgerüstet waren. Einmal ein schwerer, mit starken Panzerplatten bestückter Raupen-Schlepper, angetrieben von einem 120 PS starken Sechszylindermotor, sowie ein kleiner Raupen-Schlepper, der von einem etwa 80 PS starken Vierzylindermotor angetrieben wurde. Alten Unterlagen zufolge wurden insgesamt etwa dreihundert bis vierhundert Rad- und Ketten-Schlepper für militärische Zwecke angefertigt. Wie groß hiervon der Anteil der Ketten-Zugmaschinen war, ließ sich ebenfalls nicht mehr feststellen. Diese Entwicklungen wurden mit Kriegsende im Jahre 1918 beendet. Radschlepper für landwirtschaftliche Zwecke wurden weitergebaut. Damit hatte das Kapitel Raupen-Schlepper bei Lanz zunächst ein Ende gefunden.

Raupen-Schlepper für die Landwirtschaft

Seit Kriegsende war einige Zeit vergangen, man schrieb das Jahr 1926. Bei der Firma Lanz hatte sich Grundlegendes geändert. Die Folgen des Krieges, der Inflation, und dazu der schwere Arbeitskonflikt im Frühjahr 1924, hatten die Firma in eine schwere finanzielle Krise gestürzt. Hilfe kam von der Deutschen Bank, die aber an deren Erfüllung einige Bedingungen geknüpft hatte.
Das Werk war von Grund auf modernisiert, die Fertigungen der einzelnen Produkte rationell aufgebaut. Im Traktorenbereich wurde nur noch der neuentwickelte Verdampfer-Großbulldog gebaut. Eben diese Gesamtentwicklung trug dazu bei, daß dieser Bulldog kostengünstig gefertigt und billig verkauft werden konnte. Angeboten wurde er zunächst als Acker- oder Verkehrs-Bulldog. Um die Einsatzgebiete aber noch weiter auszubauen, die Produktionszahlen noch mehr zu steigern, war man damals dazu übergegangen, diesen Bulldog auch als Raupen-Bulldog anzubieten. Die Voraussetzungen hierzu waren ihm bei der Konstruktion des Motors in Form bulliger

So präsentierte sich der Großbulldog mit Ansteckraupen.

Stärke und großer Kraftreserven mitgegeben worden, wodurch er über eine enorme Überbelastbarkeit verfügte.
Beim Bau der Kettenlaufwerke war man diesmal bei Lanz allerdings vom bisherigen Konzept „selber konstruieren, entwickeln und fertigen" abgerückt und besann sich auf einen Spezialisten. Ein Spezialist, der sich schon ein halbes Dutzend Jahre mit dem Bau kettengetriebener Fahrzeuge beschäftigte und sich dabei einen Namen weit über Deutschlands Grenzen hinaus gemacht hatte. Es war Karl Ritscher, der Inhaber der Ritscher-Traktorenwerke GmbH in Hamburg. Karl Ritscher war, dem Ruf seiner Brüder folgend, 1919 nach fünf Jahren Aufenthalt aus Amerika zurückgekehrt, um den väterlichen Betrieb zu übernehmen. Anlaß dazu gab der Tod seines Vaters und bisherigen Leiters des im Jahre 1872 gegründeten Betriebes. Karl Ritscher hatte nach seinem Ingenieurstudium an der Universität Michigan genügend Gelegenheit, sich mit mechanischen Fertigungsmethoden im amerikanischen Traktorenbau vertraut zu machen. Hierbei war er auch auf den Ketten-Schlepper gestoßen, der ihn schon damals besonders interessierte.
Er entwickelte nach seiner Rückkehr neben kompletten Raupen-Schleppern auch sogenannte Ansteck-Raupen. Diese Ansteck-Raupen konnten an Stelle der Hinterräder an jedem Radschlepper montiert werden.
Gerade diese Ansteck-Raupen waren es, die man damals für den Groß-Bulldog auswählte. Sie waren von solider Qualität, erprobt und konnten guten Gewissens mit dem Lanz-Bulldog angeboten werden. Dabei spielte es keine Rolle, ob sie als Zusatzausrüstung für den Radschlepper mitgeliefert oder nachgekauft wurden oder schon werksseitig montiert waren. Ebenso konnten sie sowohl für den Acker- als auch für den Verkehrs-Bulldog verwendet werden.
Der Aufbau der Ansteck-Raupe war nicht sehr kompliziert, die Anordnung der Räder erfolgte in einem Dreieck, wobei das obere Rad den Antrieb von der Achse auf die Kette weiterleitet. Es war als Speichenrad ausgebildet und im Durchmesser etwas weniger als doppelt so groß wie die Eckrollen. Der Umfang war mit Kettenzähnen versehen, die in die Kette eingriffen. Die Eckrollen waren jeweils im gleichen Abstand zum Treibrad nach vorne und hinten verlegt und bestimmten durch ihren Achsabstand die Auflagefläche der Kette auf den Boden. Diese Rollen waren als Vollscheibenräder ausgebildet, ebenso wurde der Zwischenraum mit stabilen Blechen verschlossen, damit möglichst wenig Erde eindringen konnte. Die Achsen der Eckrollen waren über eine Spindel gegeneinander zu verstellen, um der Kette die richtige Spannung geben zu können. Zwischen den Eckrollen waren noch zwei Laufrollen angebaut, mit denen die Kette gegen den Boden gedrückt wurde.

Ein Blick auf die speziell für Ansteckraupen angefertigten Kotflügel.

Bei der Montage am Bulldog mußte nach dem Abschrauben der Räder auch der Radflansch abmontiert werden, denn das Treibrad wurde direkt auf den kleineren Fünflochflansch aufgesteckt und verschraubt.
Beim gelegentlichen Anbau der Ansteck-Raupen konnte der Anbau bei den üblichen Muschelkotflügeln vorgenommen werden. In der Praxis sah man aber auch, daß diese serienmäßig gelieferten Kotflügel ganz entfernt und ohne derlei Schutz gearbeitet wurde.
Beim ständigen Arbeiten mit Ansteck-Raupen lieferte Lanz speziell geformte und der Außenkontur der Kette angepaßte Kotflügel, die auf der Rückseite bis zur verbreiterten Ackerschiene nach unten geführt und daran befestigt wurden.
Folgende Geschwindigkeiten wurden mit dem Raupen-Bulldog erreicht:

	Raupen-Bulldog mit Ackergetriebe	Raupen-Bulldog mit Verkehrsgetriebe
1. Gang	1,4 km/h	2,5 km/h
2. Gang	2,1 km/h	3,6 km/h
3. Gang	2,8 km/h	5,0 km/h
4. Gang	4,2 km/h	7,4 km/h

Da zur Rückwärtsfahrt der Motor umgesteuert, das heißt in die andere Drehrichtung gebracht wurde, konnten die genannten Geschwindigkeiten auch für die Rückwärtsfahrt erreicht werden.
Durch den Anbau der Ansteck-Raupen erhöhte

Der Kühler-Bulldog mit Ansteckraupe.

sich das Eigengewicht beim Acker-Bulldog von 2500 kg auf etwa 3400 kg, und beim Verkehrs-Bulldog von 3450 kg auf etwa 4350 kg.
Eine etwas abgeänderte Ansteck-Raupe wurde für den ab Sommer 1929 gelieferten 15/30- und den 22/38-Bulldog, die Nachfolger des 22/28-PS-Bulldogs angeboten. Das große, zuvor gespeichte Treibrad wurde im Durchmesser auf etwa die Hälfte verkleinert, Speichen gab es keine mehr. Die Eckrollen dagegen waren etwas vergrößert und als Speichenräder ausgeführt, ebenso wurde auf die ursprünglichen Stahlblechplatten zwischen den Eckrollen verzichtet. Ein stabiler Rahmen, auf dem diese Rollen gelagert waren, übernahm künftig die Aufgabe des Zusammenhaltens, mit der gleichzeitigen Möglichkeit der gegenseitigen Achsverschiebung zum Zwecke der Kettenmontage und des Kettenspannens.
Wie aus den dürftig vorhandenen Unterlagen entnommen werden kann, wurden die für den Verdampfer-Großbulldog angefertigten Raupenkotflügel ebenfalls für die Nachfolge-Bulldogs angeboten.
Angaben über Fahrgeschwindigkeiten und Gewicht finden sich keine mehr.

Die Entwicklung zum Vollketten-Bulldog

Die Entwicklung des Vollketten-Bulldogs reicht bis in das Jahr 1932 zurück.
Es war die Zeit der Weltwirtschaftskrise, der Massenarbeitslosigkeit und der Kurzarbeit in den Betrieben. Bei Lanz verließen am Tag etwa vier bis fünf Bulldogs die Fabrik, viele deutsche Konkurrenzfirmen hatten die Traktorenproduktion ganz eingestellt. In dieser Zeit besann man sich auf die Entwicklung einer Vollketten-Raupe. Als Grundmodell diente ein 22/38-PS-Bulldog aus der 15/30-Generation. Der Motor, nach bewährtem Prin-

Der erste Vollketten-Raupen-Bulldog. Von ihm wurden ganze 25 Stück gebaut.

zip unverändert übernommen, war mit dem Stufenregler und der Dreibacken-Reibungskupplung ausgerüstet, welche über einen einfachen Einhand-Hebel bedient wurde. Das Getriebe verfügte über drei Fahrgeschwindigkeiten vorwärts und eine Fahrgeschwindigkeit rückwärts. Bei gedrosselter Motordrehzahl durch den Stufenregler konnten diese Geschwindigkeiten nochmals unterteilt werden, so daß insgesamt sechs Fahrgeschwindigkeiten für Vorwärts- und zwei Fahrgeschwindigkeiten für Rückwärtsfahrten zur Verfügung standen.

Folgende Fahrgeschwindigkeiten konnten erreicht werden:

	540 U/min.	630 U/min.
1. Gang	3,5 km/h	4,1 km/h
2. Gang	4,7 km/h	5,4 km/h
3. Gang	6,3 km/h	7,3 km/h
Rückwärts	3,7 km/h	4,4 km/h

Die Kraftübertragung erfolgte über ein Kegelrad-

Raupen-Bulldog HR 6 beim Ziehen eines schweren Pfluges.

differential auf die Steckwellen. Zur Lenkung waren auf den Steckwellen Lenkbremsen aufgebaut, die bei Kurvenfahrten die kurveninnere Kette abbremsten.

Die Kettenlaufwerke wurden im Jahre 1933 von der Firma Ritschert in Hamburg angebaut. Beim Anbau legte man damals besonderen Wert darauf, daß die Riemenscheibe trotz der Ketten auch weiterhin benutzt werden konnte. Die Kettenräder verfügten über einen überaus hohen, etwa 90 cm messenden Durchmesser und vermittelten der Raupe eine große Bodenfreiheit. Zwischen den Kettenrädern sorgten vier Gleitrollen für den notwendigen Bodendruck der Kette. Sie waren an einem stabilen Rahmen befestigt, der gleichzeitig die Aufnahme der Vorderräder bildete. Die Kettenspannung erfolgte mittels einer auf eine Gabel wirkende Schraubenfeder mit Druck auf den Vorderrad-Lagerbock. Dieser Lagerbock wiederum wurde durch die Federkraft über eine Führung nach vorne gedrückt, wodurch der Kette die nötige Spannung vermittelt wurde.

Als Vorderachse kam eine starre, in der Mitte des Bulldogs pendelnd gelagerte Achse zum Einbau, so daß die Raupenketten ähnlich pendeln konnten wie beim Radschlepper die Vorderräder.

Die Treibräder waren am Aufnahmeflansch baugleich mit den gewohnten Acht-Loch-Felgen.

Der Fahrraum war auf der Unterseite durch eine stabile Riffelblechplatte abgeschlossen. Rechts und links trennten formschöne Kotflügel den Fahrraum ab und gaben dem Fahrer den nötigen Schutz vor den Gleisketten. Als Fahrersitz fand der vom Bulldog her bekannte Schwingfedersitz Verwendung. Auch das „Lenkrad" hatte seinen Platz, es war rechts hinter dem Fahrersitz am Kotflügel befestigt, denn zum Lenken wurde es ja nicht gebraucht. Es diente lediglich als Anlaßhilfe zum Andrehen des Motors. Zu diesem Zweck wurde es aus der Halterung genommen und unterhalb der Kette auf die Kurbelwelle gesteckt.

Nachdem der Raupen-Bulldog von Ritscher aus Hamburg zurück und in Mannheim vollends fertiggestellt war, konnten erste Versuche in der Praxis beginnen. Dazu hatte man den Bulldog auf ein großes Gehöft transportiert. Unter den Anwesenden war damals auch der Konstrukteur des Raupen-Bulldogs, Ing. Chemnitz, ein humorvoller, älterer Herr, und Hansludwig Huber, zu jener Zeit noch Lehrling im dritten Lehrjahr. Die Versuche entwickelten sich zu einer großen Enttäuschung für die Anwesenden, doch lassen wir dazu Herrn Huber selbst zu Wort kommen: „Das Wetter war regnerisch, die lehmigen, stark hängenden Äcker des Odenwald-Gutshofes Langenzell bei Neckargemünd schwer von Nässe. Ein Wetter und ein Gelände, geradezu ideal für solche Versuche. Das Ergebnis war niederschmetternd, noch nicht einmal bergab konnte der Raupen-Bulldog einen Bogen fahren, dabei hatte er keinerlei Geräte angehängt. In der Ebene wurde hierbei sogleich der Motor abgewürgt. Einerseits waren für eine Raupe 38 PS nicht viel, doch die hauptsächliche Ursache war der Einbau eines normalen Kugelrad-Differentials und der Lenkbremsen. Die halbe Leistung wurde beim Abbremsen der Innenraupe verbraucht, die zu beschleunigende Außenraupe hatte nicht mehr genug Leistung zur Verfügung. So ging es also keinesfalls, die Versuche mußten eingestellt werden."

Nach diesen Erkenntnissen ging man daran, das Getriebegehäuse umzubauen. Das Differential war zu ändern, die Lenkbremsen wurden entfernt und durch Lamellenkupplungen ersetzt.

Zu dieser Zeit wurden aber schon die ersten Bulldogs mit 30 und 38 PS, die Nachfolger der 15/30er-Generation, zusammengebaut und getestet. Es war nur noch eine Frage der Zeit, bis diese neuen Bulldogs die bisherigen ganz ablösen würden.

Dadurch konzentrierte sich der Schwerpunkt der Raupen-Entwicklung ebenfalls auf die neue Bulldog-Generation.

Der umgebaute Raupen-Schlepper wurde nach seiner Fertigstellung jedoch weiterhin getestet und verbessert, wertvolle Erfahrungen und Erkenntnisse konnten somit in die Entwicklung neuer Raupen-Bulldogs eingebracht werden, doch eine Serienreife wurde nicht mehr erreicht.

Insgesamt wurden im Jahr 1933 vier Raupen-Bulldogs als Prototypen angefertigt, im darauffolgenden Jahr waren es 21 Stück einer Vorserie, die zum Verkauf gelangten.

Erster Prototyp der neuen Raupen-Bulldog-Reihe, hier noch mit Vollkotflügeln.

Neue Vollketten-Bulldogs mit 38, 45 und 55 PS

Als Grundmodell des neu entwickelten Raupen-Bulldogs diente der 38 PS starke Bulldog HR 8 aus der ebenfalls neu entwickelten Bulldog-Reihe mit 30 und 38 PS normaler Dauerleistung, deren Vorstellung in das Jahr 1935 fiel.

Die Entwicklung dieser Bulldog-Reihe war die Summe der Erfahrungen mit den Bulldogs der 15/30er-Serie in Verbindung mit den Verbesserungen der 12/20er-Serie. Großen Einfluß hatte natürlich auch die Rohstoff-Proklamation und deren Auswirkungen. Dies alles brachte es mit sich, daß sich die Bulldogs in Aussehen und Technik immer ähnlicher wurden. In dieses Bild fügte sich die auch neue Bulldog-Raupe harmonisch ein.

Zum Einbau kam der altbewährte Glühkopfmotor mit einer Bohrung von 225 mm Durchmesser, einem Hub von 260 mm und einem Hubraum von 10,3 Litern, dazu der Stufenregler mit den Drehzahlen 540 und 630 Umdrehungen pro Minute und die Dreibacken-Reibungskupplung. Das Getriebe war, wie ebenfalls beim Bulldog üblich, mit Stirnrädern ausgerüstet und verfügte über ein Vorgelege mit drei nachschaltbaren Stufen, die zusammen sechs Fahrgeschwindigkeiten vorwärts und zwei Fahrgeschwindigkeiten rückwärts ermöglichten. Bei gedrosselter Motordrehzahl von 540 Umdrehungen durch den Stufenregler konnten diese Geschwindigkeiten nochmals unterteilt werden, so daß insgesamt 12 Fahrgeschwindigkeiten für Vorwärts- und vier Fahrgeschwindigkeiten für Rückwärtsfahrten zur Verfügung standen:

	540 U/min	630 U/min
1. Gang	2,6 km/h	3,0 km/h
2. Gang	3,1 km/h	3,6 km/h
3. Gang	3,8 km/h	4,4 km/h
Rückwärts	3,3 km/h	3,8 km/h
4. Gang	4,4 km/h	5,1 km/h
5. Gang	5,3 km/h	6,2 km/h
6. Gang	6,4 km/h	7,5 km/h
Rückwärts	3,9 km/h	4,6 km/h

Die Zahnräder wurden in ein neuentwickeltes Gehäuse verpackt, deren Außenform nicht mehr wie beim Bulldog eben nach hinten, sondern etwa 45 Grad nach unten geführt wurde. Auf den Steckwellen innerhalb der Achstrichter waren die Lamellenkupplungen montiert. Der Kraftschluß erfolgte von der Steckwelle über den Kupplungskörper zur Kupplungsglocke auf einen Achsstummel mit Vielkeilverzahnung, der im Vorgelegegehäuse endete. Hier wurde die Drehzahl nochmals stark untersetzt, bevor sie auf das Kettenrad überging. Dieser Gesamtaufbau war so angeordnet, daß eine Portalachse entstand. Somit konnten die Kettenräder entsprechend kleiner ausfallen, ohne daß die Bulldog-Raupe an Bodenfreiheit verlor.

In dieser Form wurde der Raupen-Bulldog in Serie gefertigt.

Auch mit dieser Ausführung des Auspuffs wurde der Raupen-Bulldog geliefert.

Blick in das Getriebe.

Kettenlaufwerk mit geänderter Kettenspannung. Deutlich auch zu sehen die doppelte Zahnteilung des Kettenrades gegenüber der Kette.

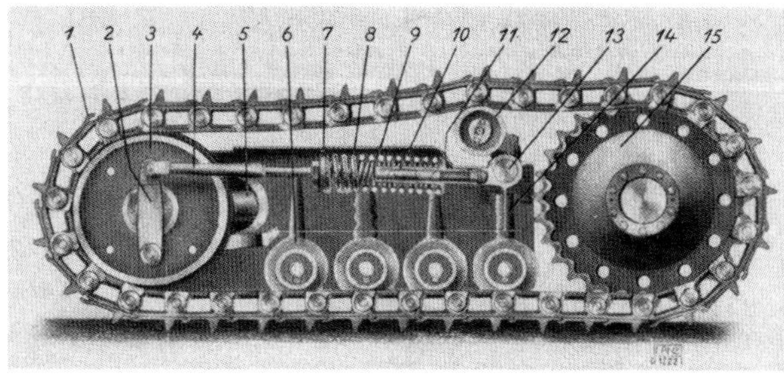

Der Aufbau der Raupenkette wurde im wesentlichen so beibehalten wie beim Vorgängermodell, ebenso die Vorderachse und deren pendelnde Funktion. Die Führung der Vorderräder zur Kettenspannung wurde allerdings geändert und durch eine Kurbelschwinge ersetzt.

Besonderes Augenmerk wurde bei der Konstruktion des Kettenlaufwerks auf die Treibräder gerichtet, da sie dem größten Verschleiß ausgesetzt waren. Sie waren mit doppelter Zahnteilung versehen, so daß nur jeder zweite Zahn zum Eingriff kam. Zeigten sich nach längerem Betrieb Einlaufspuren, wurde die Kette abmontiert und kurzerhand im nächsten Zahn eingelegt. War irgendwann auch diese Zahnreihe verschlissen, konnten die Treibräder der rechten und linken Seite miteinander ausgetauscht werden, womit die Zahnrücken zur Verfügung standen. Es war also möglich, die Räder viermal umzubauen, bevor sie erneuert werden mußten. Man hatte sie aus zähem, einsatzgehärtetem Stahlguß hergestellt, um vorzeitigem Verschleiß entgegenzuwirken.

Auf der Oberseite des Kettenlaufwerkes war zur Entlastung der Kette eine Stützrolle montiert.

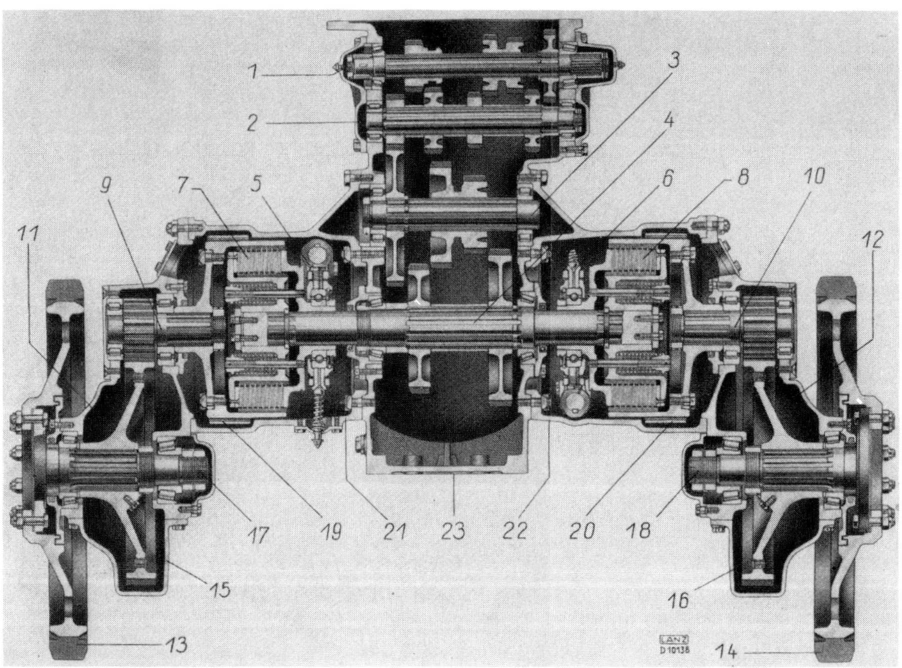

Getriebe, Lenkkupplungen und Endantrieb im Schnitt

1–4 I.–IV. Getriebewelle; 5 + 6 Lenkkupplungsmuffe li. u. re.; 7 + 8 Lenkkupplung (Scheibenkupplung) li. u. re.; 9 + 10 Vorgelegewelle re. u. li.; 11 + 12 Vorgelegegehäuse links u. rechts; 13 + 14 Triebrad rechts u. links; 15 Deckel f. Vorgelegegehäuse.; 16 Deckel rechts; 17 + 18 Hinterachse re. u. li.; 19 + 20 Lenkkupplungsbremse li. u. re.; 21 Lenkkupplungsgehäuse li. u. re.; 23 Getriebegehäuse.

Der bisher verwendete gefederte Blechsitz wurde durch einen gepolsterten Ledersitz ersetzt, um dem Fahrer ein bequemes Arbeiten zu ermöglichen.
Auf besonderen Wunsch, gegen Aufpreis versteht sich, konnte der Raupen-Bulldog auch mit einer gepolsterten Sitzbank, mit weicher Federung und Stoßdämpfern geliefert werden, sie bot bequem Platz für zwei Personen.
Ebenso konnte auf Wunsch ein aus wasserdichtem Segeltuch hergestelltes Dach mit langen, aufrollbaren Seiten- und Rückenteilen mit eingearbeiteten Zelluloidfenstern bestellt werden, wodurch dem Fahrer Schutz vor Sonne, Wind und Regen geboten wurde.
Weiter waren für das Befahren von Straßen spezielle Laufplatten zum Aufschrauben auf die Kettenglieder erhältlich. Diese Platten verhinderten eine Beschädigung der Straßendecke und eine vorzeitige Abnützung der Kettengliederwulste.
Für besonders weichen Untergrund, wie Moorböden und dergleichen, konnten auch verbreiterte Laufplatten bezogen werden, mit denen ein tieferes Einsinken der Laufwerke verhindert wurde.
Gebaut wurde der Raupen-Bulldog in der beschriebenen Bauweise mit 38 PS normaler Dauerleistung bis etwa Anfang des Jahres 1936. Dann trat die aus kaufmännischer Sicht notwendig gewordene Änderung der PS-Angabe in Kraft, aus den 38 PS „normaler Dauerleistung" wurden 45 PS „Höchstleistung über eine Stunde".
Die Produktion war von dieser Umstellung wenig berührt, das heißt, die Bauweise und der Lieferumfang blieben unverändert, sieht man von technischen Weiterentwicklungen ab, die dem Fortschritt dienten. Einige dieser Raupen-Bulldogs wurden auch mit einer Leistungsangabe von 44 PS ausgeliefert, hierbei handelte es sich vorwiegend um Exportmodelle für das Ausland.
Etwa zur selben Zeit gelangte die neu entwickelte Scheibenkupplung bei allen Bulldogs der HR-Baureihe zum Einbau und löste die Dreibacken-Reibungskupplung ab. Die neue Scheibenkupplung verfügte über weitaus größere Reibeflächen und konnte bei geringerer Abnützung größere Kräfte übertragen.
Im Herbst des Jahres 1937 wurde das Äußere des Bulldogmotors und damit auch des Raupen-Bulldogs für den Insider stark verändert. Dies galt besonders für den Wasserkasten und das Steig-

Auf Wunsch gab es ein Verdeck mit Seitenverkleidung.

rohr sowie die darauf angebrachte Firmenbeschriftung. War bisher im Wasserkasten die Aufschrift „Bulldog" und im Steigrohr „Lanz" zu lesen, so wurde künftig auf dem Steigrohr „Lanz Bulldog", gemeinsam in einem Rahmen vereint, angebracht. Der Wasserkasten wurde breiter und konnte dadurch mehr Kühlwasser fassen.
Etwa zur selben Zeit gab es die Leistungssteigerung von 45 PS auf 55 PS „Höchstleistung über eine Stunde" als Resultat der Erhöhung der Drehzahl von 630 auf 750 U/min durch den Bau des Eil-Bulldogmotors serienmäßig. Ab dieser Zeit wurden die Bulldog-Raupen mit 55 PS angeboten.
Sucht man in der Literatur nach den Raupen-Bulldogs mit 44 und 45 PS, so sucht man allerdings vergeblich, und in den Ersatzteillisten finden sich nur noch folgende Angaben:

38-PS-Raupe gebaut bis Nr. 132795
55-PS-Raupe gebaut ab Nr. 132796

Mit der Einführung des 55-PS-Raupen-Bulldog kam anstelle der starren und pendelnd gelagerten Vorderachse eine Blattfedervorderachse zum

Dieser Raupen-Bulldog wurde mit 45 PS ausgeliefert. Derselbe Typ ging auch mit 44 PS in Exportländer.

Einbau. Ebenso wurde eine neue Kupplung entwickelt, die „kleine Scheibenkupplung", die kurz darauf die große Scheibenkupplung ablöste.
Die aufwendig hergestellten Kotflügel ersetzte man durch Seitenbleche, ähnlich jenen des Bulldog-Fahrraums, um dem Fahrer den nötigen Schutz vor dem Kettenlaufwerk zu bieten. Dazu wurde der gepolsterte und stoßgedämpfte, zwei Personen fassende Ledersitz serienmäßig geliefert.

Technische Anmerkungen in Stichworten

Die ersten Raupen-Bulldogs, welche noch im Jahre 1934 gebaut wurden, zählten zu den HR-6-Bulldogs und wurden unter der Bestellnummer D 6550 geführt. Zur serienmäßigen Ausrüstung gehörte eine verstellbare Anhängevorrichtung für Wagen und eine pendelnde Acker-Anhängevorrichtung, ein Auspuff nach oben, ein Ackerdifferential mit Stahlgußgehäuse, eine Getriebebremse und zwei Lenkbremsen. Das betriebsbereite Gewicht wird mit 4100 kg angegeben.
Ab 1935 wurde der verbesserte Raupen-Bulldog mit ebenfalls 38 PS geliefert, als HR 8 unter der

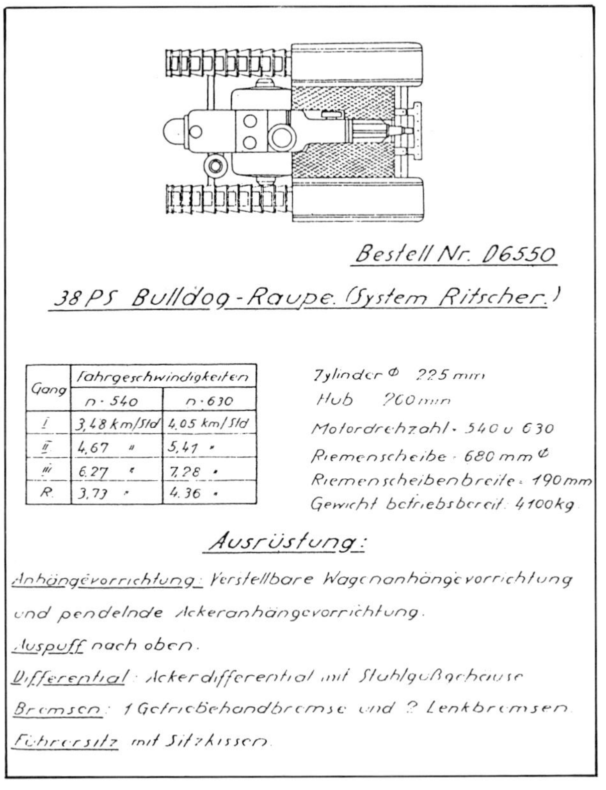

Bestell Nr. D6550

38 PS Bulldog-Raupe. (System Ritscher.)

Gang	Fahrgeschwindigkeiten	
	n·540	n·630
I	3,48 km/Std	4,05 km/Std
II	4,67 "	5,41 "
III	6,27 "	7,28 "
R.	3,73 "	4,36 "

Zylinder Ø 225 mm
Hub 200 mm
Motordrehzahl · 540 u 630
Riemenscheibe · 680 mm Ø
Riemenscheibenbreite · 190 mm
Gewicht betriebsbereit: 4100 kg

Ausrüstung:

Anhängevorrichtung: Verstellbare Wagenanhängevorrichtung und pendelnde Ackeranhängevorrichtung.

Auspuff nach oben.

Differential: Ackerdifferential mit Stahlgußgehäuse

Bremsen: 1 Getriebehandbremse und 2 Lenkbremsen.

Führersitz mit Sitzkissen.

Bestellnummer D 9550 geführt. Diese Bestellnummer beinhaltete die Grundausrüstung. Unter D 9551 wurden dazu eine elektrische Lichtanlage, eine Anlaßzündung und ein Boschhorn geliefert. Unter D 9552 gab es dieselbe Ausführung, nur ohne Anlaßzündung. Alle 30- und 38-PS-Bulldogs wurden ab der Nummer 125001 gebaut, auch die Raupen-Bulldogs. Nach den Unterlagen wurde der 38-PS-Raupen-Bulldog bis zur Nr. 132795 gebaut, danach der 55-PS-Bulldog. Doch wurden vor dieser Änderung etwa 100 bis 120 Raupen-Bulldogs mit einer Angabe von 45 PS und 44 PS ausgeliefert. Die Umstellung auf 55 PS erfolgte im Jahre 1937, ebenso die Änderung der Bezeichnung, die künftig HRK lautete: H = Huber, R = für Großbulldog, K = Kette. Die Bestellnummer lautete D 15.., gleich wie bei Bulldogs mit 55 PS. Mit dieser Änderung wurde die starre, pendelnd gelagerte Vorderachse durch die Federvorderachse ersetzt.

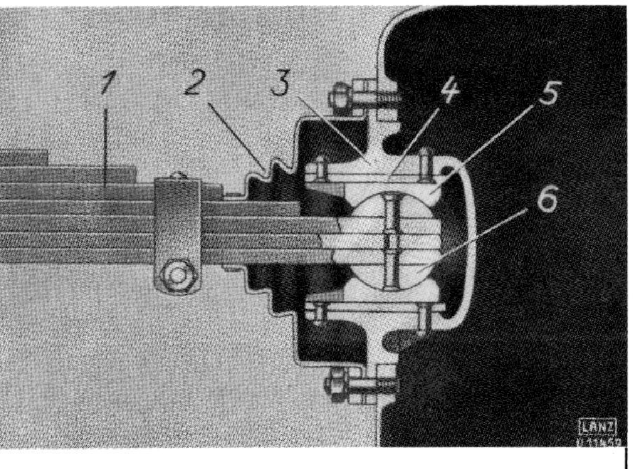

Teile der starren Vorderachse – und der neuen, gefederten Vorderachse mit Federachslager.

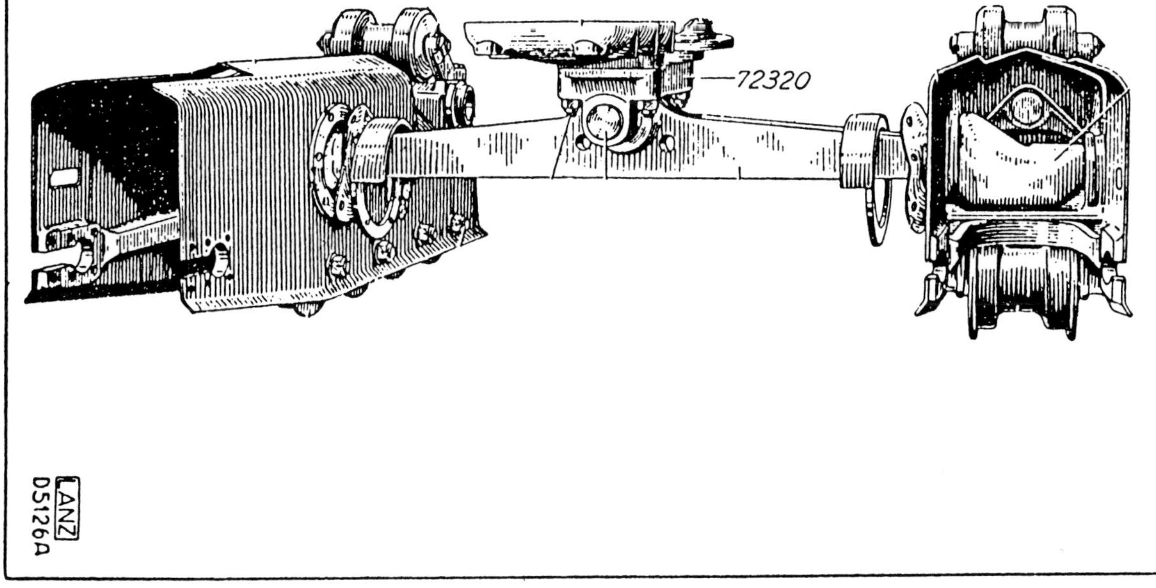

Ab 1939 registrierte man die Fertigungszahlen der Raupen-Bulldogs, getrennt von den übrigen Bulldogs, von Nr. 700001 bis 702437.
Doch zurück zur 38-PS-Raupe, die ab Fertigungsnummer 129030 mit neuem Wasserkasten und Steigrohr mit der Beschriftung „Lanz Bulldog" ausgerüstet wurde. Davor lautete dieselbe „Bulldog Lanz". Die Beschriftung „Lanz Bulldog" wurde von einem der Schriftdicke entsprechenden Rahmen umrandet, welcher 12 × 24 cm groß war. Er wurde allerdings nur kurze Zeit beibehalten und dann auf 15 × 31 cm vergrößert.
Ab der Nr. 130642 wurde die bisherige Dreibacken-Reibungskupplung durch die große Scheibenkupplung ersetzt.
Diese Raupen-Bulldogs neigten beim Übergang auf die obere Drehzahlgrenze als Folge zu schnellen Gasgebens, verbunden mit zu großer Brennstoffzufuhr, zum Knallen. Deshalb wurde der Stößelhub des Einspritzpumpenstößels durch Verlängerung der Stößelführung begrenzt. Wurde der Hub überschritten, so legte sich der Drosselkeil an die verlängerte Stößelführung an, und der gefederte Daumen der Daumenwelle gab nach. Diese Änderung trat ab der Nr. 131689 in Kraft. Bis zur Raupen-Bulldog-Nr. 132795 kam der Stufenregler zum Einbau, der später durch einen einfachen Regler ersetzt wurde. Dieser wurde ab der Nr. 134608 wieder geändert. Dann kam ab Nr. 134905 ein neuer Bosch-Öler zum Einbau, ab Nr. 135105 ein vergrößerter Auspuff, und ab Nr. 140440 die verbesserten Ölschleuderringe.
Im Laufe des Jahres 1939 wurden Kolben eingebaut, die mit einem Zwischenboden aus Blech ausgerüstet waren. Die Befestigungsschrauben des Zwischenbodens waren zunächst mit Draht gegen selbständiges Lösen gesichert. Diese Lösung gab zu erheblichen Defekten Anlaß, so daß die Sicherung der Schrauben künftig von angeschweißten Blechen übernommen wurde. Zwischen Kolben und Zwischenböden wurde damals werksseitig eine Asbestplatte zur Unterbrechung der Verbrennungswärme eingebaut, doch bald stellte sich heraus, daß diese Asbestplatte je nach Ölfeuchtigkeit aufquoll oder schrumpfte, wodurch sich auch fest angezogene Schrauben lösen konnten, die oft herausflogen, wodurch große Schäden entstanden waren. Hier wurde empfohlen, die Asbestplatte zu entfernen und durch einen Anstrich mit Eisenmennige zu ersetzen, auf keinen Fall aber den Zwischenboden Metall auf Metall einzubauen, denn er hatte sich gut bewährt: Das Öl wurde weniger schmutzig und die Wärmeableitung vom Kolbenboden war weit günstiger.
Folgende Raupen-Bulldogs kamen damals mit eingebauter Asbestplatte und Drahtsicherung zur Auslieferung: 138912–922, 139243–256, 148069, 148813, 148815, 148817, 148818–834, 149060, 149062–064, 149067–070, 149089–099, 149452–491, 149823–862, 700001–169, 700170–172, 700190, 700192, 700193, 700195–214, 700216–249, 700251–253, 700257, 700260, 700261, 700264, 700289, 700303,

Der alte und der neue, größere Wasserkasten.

700315, 700316, 700318, 700319, 700325–333, 700343, 700344, 700346–364 und ab 700373 laufend.

Da die Ausrückgabel des neuen Bosch-Ölers oft unbeabsichtigt herausgezogen wurde und nicht mehr richtig zum Eingriff kam, gab es oft Störungen mit schlimmen Folgen. Deshalb wurde ab der Nr. 141528 die Ausrückgabel durch einen Splint gesichert.
Zur Verbesserung der Kühlwirkung wurden die Bulldog-Raupen ab den Maschinen mit der Nr. 146685 mit einem im Durchmesser vergrößerten und in der Schränkung günstiger ausgelegten Aluminium-Ventilatorflügel ausgerüstet, der den bisherigen kleineren Blechflügel ersetzte.
Dann folgte die Bauserie ab Maschine Nr. 700001, ab der Nr. 700035 erfolgte der Einbau des kugeligen Verbrennungsraums, in Verbindung mit der einheitlichen Einspritzdüse für alle PS-Klassen, auch der Rad-Bulldogs.
Ab der Raupen-Bulldog-Nr. 700201 wurde die große Scheibenkupplung durch die kleine Scheibenkupplung ersetzt. Die Umstellung des Zylinderkopfes, der Brennstoffpumpe, Reglerdüse und der Druckleitungen von Zoll auf metrisches Gewinde erfolgte ab Nr. 700251. Das Zündkerzengewinde aller Bulldog-Motoren mit elektrischer Anlaßzündung war jedoch von dieser Änderung nicht betroffen.

Das Laufwerk der 38-PS-Raupe.

Typenübersicht mit D-Nummern und PS-Angaben

soweit heute noch bekannt

Typ/PS	D-Nummer	Art und Ausführung des Bulldogs	Preise Mai 1936
			RM
HR 6 38 PS	D 6550	Raupen-Bulldog mit Laufwerken „System Ritscher“, Dreigang-Getriebe mit Stufenregler, Lenkbremsen, Plattform, Kotflügel, Schwingfedersitz mit Polsterkissen, erhöhtes Luftansaugrohr, verstellbare Wagen-Anhängevorrichtung, pendelnde Acker-Anhängevorrichtung.	
HR 8 38 PS	D 9550	Raupen-Bulldog mit Grundausrüstung best. aus: Sechsgang-Getriebe und Stufenregler, Lamellenkupplungen zur Lenkung, Plattform, Kotflügel, Polstersitz, erhöhtes Luftansaugrohr, verstellbare Wagenanhängevorrichtung, pendelnde Acker-Anhängevorrichtung	9000,–
HR 8 38 PS	D 9551	Raupen-Bulldog mit Grundausrüstung, dazu elektrische Lichtanlage, Anlaßzündung und Boschhorn	9450,–
HR 8 38 PS	D 9552	Raupen-Bulldog mit Grundausrüstung, dazu elektrische Lichtanlage und Boschhorn	9350,–
HR 8 45 PS HR 8 45 PS HR 8 45 PS	D 9550 D 9551 D 9552	Mit 45 PS wurden die Raupen-Bulldogs kurze Zeit ausgeliefert, nachdem die PS-Angabe von „normaler Dauerleistung“ auf „Höchstleistung über 1 Stunde“ geändert wurde. Der Lieferumfang entsprach den 38-PS-Raupen-Bulldogs.	
HR 8 44 PS HR 8 44 PS HR 8 44 PS	D 9550 D 9551 D 9552	Als Exportmodell wurden diese Raupen-Bulldogs auch mit 44 PS geliefert.	

Technisches und Konstruktives zum 55-PS-Raupen-Bulldog

Die Bedienung der Raupen-Bulldogs erfolgte ausschließlich über Hand- und Fußhebel, die übersichtlich im Fahrraum angeordnet waren.
Zunächst gab es den Handgashebel zur Einstellung der gewünschten Motordrehzahl, auf ein Fußgaspedal wurde verzichtet. Ebenso gab es ein Fußpedal zur Betätigung der Motorkupplung. Die Anordnung beider Bedienungshebel entsprach der des Bulldogs, ebenso die beiden Schalthebel zur Wahl der Fahrgeschwindigkeit.
Für die Änderung der Fahrtrichtung sah es allerdings etwas anders aus, denn es gab kein Lenkrad mehr. Zwar wurde dieses unter der Sitzbank oder seitlich am Kotflügel noch mitgeführt, doch diente es nur noch zum Andrehen des Motors.
Die Aufgabe des Lenkrades wurde hier von zwei Lenkhebeln übernommen, die aus dem Bodenblech nach oben ragten. Wurde während der Fahrt einer dieser Hebel nach hinten gezogen, so rückte die dazugehörige Lamellenkupplung über ein Gestänge aus, wodurch der Kraftstrom zur Raupenkette unterbrochen war.
Da die Kette auf der gegenüberliegenden Seite aber weiter unter Kraft stand, begann der Raupen-Bulldog eine Kurve zu schlagen, deren Radius von dem hinten angehängten Gewicht bestimmt wurde, das heißt, je mehr die Raupe zu ziehen hatte, desto kleiner wurde der Kurvenradius. Um aber den Kurvenradius selbst bestimmen zu können, ohne von der Anhängelast abhängig zu sein, konnte die „Lenkkupplungsbremse“ betätigt werden. Dazu gab es zwei

Rechts: Ein belgisches Prospektblatt des Raupen-Bulldogs D 1550 vom Januar 1938.

Der Führerstand des Raupen-Bulldogs.
1 Schalthebel für Stufenschaltung 4.–6. Gang; 2 Fußhebel für Motorkupplung; 3 Schalthebel f. 1.–3. Gang; 4 Bremshandhebel; 5 Lenkhandhebel links; 6 Fußhebel f. Lenkkupplungsbremse links; 7 Lenkhebel rechts; 8 Kraftstoffhebel; 9 Fußhebel für Lenkkupplungsbremse rechts.

D 1550

LANZ

Tracteur à chenilles à huile lourde

D 1550

Modèle

T

rendement max. à la poulie

55 CV

6 vitesses en avant

Construction simple et robuste

Fonctionnement sûr et économique

HEINRICH **LANZ** MANNHEIM
A.-G.

Agence Générale pour la Belgique:
Etablissements Doyen
Haren - Bruxelles

Janvier 1938

So präsentierte sich der neue Raupen-Bulldog D 1550.

Fußpedale, jeweils eines rechts und eines links im Fahrraum angeordnet, mit dem das jeweilige, auf der Kupplungsglocke der Lamellenkupplung angebrachte Bremsband zugezogen wurde, wodurch die ausgekuppelte Raupenkette bis zum Stillstand abgebremst werden konnte.

Selbstverständlich konnten diese Bremsen auch zum Abbremsen des Raupen-Bulldogs wie etwa bei einer Talfahrt oder zum Anhalten verwendet werden. Allerdings durfte dabei keine Lamellenkupplung ausgekuppelt werden, damit der Raupen-Bulldog seine Geradeausfahrt beibehielt. Beim Anhalten war die Motorkupplung über das Kupplungspedal auszurücken, bevor eine der Bremsen betätigt wurde. Darüber hinaus waren auch die Raupen-Bulldogs mit einer Feststellbremse, einer sogenannten Handbremse ausgerüstet, um eine Sicherung des Fahrzeugs während des Stillstandes zu gewährleisten.

Der 55-PS-Raupen-Bulldog wurde in verschiedenen Ausführungen angeboten, wobei jede Ausführung ihre eigene Bestellnummer oder D-Nummer hatte. Zunächst gab es die Raupe D 1550 mit der Standardausrüstung: Sechs Fahrgeschwindigkeiten, Blattfedervorderachse, gepolsterte und gedämpfte Sitzbank, Auspuff nach oben, Riemenscheibe und eine Anhängevorrichtung für Wagen und für Geräte. Die Kotflügel waren zunächst noch über dem hinteren Teil der Kette angebracht, dazu waren auf der Rückseite des linken Kotflügels mehrere Tritte festgeschraubt, um bequem auf die Plattform steigen zu können. Ebenfalls fanden zwei geräumige Werkzeugkästen auf diesen Kotflügeln ihren Platz.

Zu den folgenden Prospektseiten:
Prospekt Vorder- und Rückseite des Raupen-Bulldogs D 1560 vom Juni 1940.

Raupen-Bulldog D 1561 vom April 1942.

55 PS

Bulldog-Raupe

D 1560

LANZ

55 PS Bulldog-Raupe

Für schwerste Belastungen

D 1

HEINRICH LANZ MANNHEIM
Aktiengesellschaft

D 1560

Vorzüge
in Konstruktion und Ausrüstung der 55 PS Bulldog-Raupe D 1560

6 Fahrgeschwindigkeiten vorwärts, dadurch beste Anpassung an die verschiedensten Boden- und Belastungs-Verhältnisse.

Leichtes Kuppeln und schnelles Schalten durch Einhebelkupplung wie beim Automobil.

Große Wendigkeit, dadurch kleines Vorgewende.

Schwingfedersitzbank mit Stoßdämpfern.

Bequeme Hebelanordnung.

Geräumige Plattform.

Auspuff mit besonderer Geräuschdämpfung (Schallfänger).

Großer Brennstoffbehälter für 105 Liter Schweröl.

Geschützte Unterbringung von Einzelteilen unter einer aufklappbaren Haube, deren Abschluß die Armaturenwand ist: Luftfilter, Oelkanne, Heizlampe.

Riemenscheibenantrieb, staubdicht gekapselt, rechtsseitig mit Leerlauf. Auspuff links angeordnet.

Schmierölersparnis durch automatische Regelung der Oelzufuhr.

Boschöler unter Schwungradschutz (links).

Fußhebelfettpresse zum Abschmieren des Laufwerkes; Behälter faßt 5 kg Oel.

Anhängevorrichtung: untere für Geräte, seitlich schwingend; obere für Wagen, gefedert.

Zur Normalausrüstung gehören:
Straßenplatten (36 Stück) für die Raupenketten mit angewalzten Greifern oder bei besonderer Bestellung: Raupenketten mit glatten Stahlgußplatten und 24 aufschraubbaren Greifern.

D 1561 mit elektrischer Anlaßzündung und Beleuchtung.

Sonderausrüstung:
Zapfwelle, Verbreiterungsplatten, Aufsatzkästen für Reihenkulturen

Technische Einzelheiten

Motor-Bauart: Liegender Einzylinder-Zweitakt-**Mitteldruckmotor**, ohne Ventile, ohne Vergaser, mit **Frischöl/Umlaufschmierung** für den Motor und **Preßschmierung** aller übrigen Teile der Raupe, Wasserumlaufkühlung mit auswechselbaren Elementen, **Scheiben**kupplung, **Kugel**schaltung mit sicherer Verriegelung.

Höchstleistung über 1 Stunde	55 PS
Normale Dauerleistung	50 PS
Zylinderbohrung	225 mm
Kolbenhub	260 mm
Hubraum	10,4 Liter
Drehzahl	750 U/min
Leerlauf-Drehzahl	300 U/min

Brennstoff: Deutsches Gasöl, Braunkohlenteeröl, Gasöl, Dieselöl, Paraffinöl, Pflanzenöl usw.

Betriebsstoffbehälter-Inhalt:

Brennstoff	105 Liter
Schmieröl	6,5 Liter
Benzin	7 Liter
Kühlwasser	60 Liter

Verbrauch: Brennstoff etwa 240 g je PS/Std., Schmieröl etwa 2,75 kg je Arbeitstag.

Lenkung: durch 2 mittels Handhebel betätigte Lamellenlenkkupplungen des Raupenlaufwerkes und 2 Fußhebel-Lenkbremsen (für enge Kurven und Drehen auf der Stelle).

Vorderachse: Blattfeder mit 10 Blättern.

Raupen-Laufwerk: Stahl-Rollenrahmen mit je 4 Laufrollen und je 1 Stützrolle. Lauf- und Lagerflächen der aus Stahl geschmiedeten Rollen sind gehärtet. Triebräder aus Stahlguß mit gehärteten Zähnen, Leiträder mit Stahl-Kettenleitbahnen, Raupenketten wahlweise mit gewalzten Stahlgreiferplatten und aufschraubbaren Straßenplatten oder glatten Stahlgußplatten und aufschraubbaren Greifern, umdrehbare Gelenkbüchsen und -Bolzen aus Stahl, gehärtet.

Bremsen: 1 Hand-Getriebebremse, 2 Fuß-Lenkbremsen.

Riemenscheibe: 500 mm ∅, 190 mm breit, rechtsseitig.

Kotflügel über dem hinteren Teil der Raupenketten.

Fahrgeschwindigkeiten und max. Zughakenkräfte

Gang	**Fahrgeschwindigkeit km/Std.** Motordrehzahl 750 U/min	Max. Zughakenkraft auf dem Acker etwa kg
1.	2,4	4300
2.	3.3	3360
3.	4,0	2700
4.	4,8	2100
5.	6.4	1400
6.	7,7	1100
1. Rückw.	3,4	
2. Rückw.	6,6	

Maße und Gewichte

Größte Länge	2800 mm
Größte Breite	1960 mm
Größte Höhe	2340 mm
Bodenfreiheit	350 mm
Spurweite	1460 mm
Breite der Kette	400 mm
Länge der Kettenauflagefläche	1600 mm

Gesamt-Auflagefläche der Ketten	etwa 12800 cm^2
Anzahl der Kettenglieder	je 35
Höhe der Anhängevorrichtung vom Boden	
obere Anhängevorrichtung	640 mm
untere Anhängevorrichtung	340 mm
Kleinster Wenderadius	1660 mm
Gewicht	etwa 5000 kg

Leistungen

Art der Arbeit	Anzahl der Pflugkörper	Leistung in 10 Stunden in Morgen
Tiefpflügen	4	20
Saatpflügen	5	25—30
Schälen	10—15	50—60
Kultivieren	—	bis 75
Eggen und Walzen	—	150—200

Abbildungen,
Maße und Gewichte annähernd und unverbindlich.

BT 3646/I

LANZ Bulldog-Raupe D 1561 55 PS

D 1561

Konstruktion und Ausrüstung
der 55 PS Bulldog-Raupe D 1561

Motor-Bauart: Liegender Einzylinder-Zweitakt-**Mitteldruckmotor,** ohne Ventile, mit **Frischöl-Umlaufschmierung** für den Motor und **Preßschmierung** aller übrigen Teile der Raupe, Wasserumlaufkühlung mit auswechselbaren Elementen.

Riemenscheibe, staubdicht gekapselt, rechtsseitig.

Scheibenkupplung mit guter Nachstellmöglichkeit.

Schmierölersparnis durch **Boschöler** mit automatischer Regelung der Oelzufuhr.

Bequeme Hebelanordnung.

Kugelschaltung mit sicherer Verriegelung mit **sechs Fahrgeschwindigkeiten vorwärts**, dadurch beste Anpassung an die verschiedenen Boden- und Belastungs-Verhältnisse.

Große Wendigkeit, dadurch kleines Vorgewende.

Elektrische Beleuchtung. Sofortige Startbereitschaft durch elektrische Anlaßzündung.

Zwei Anhängevorrichtungen: untere für Geräte, seitlich schwingend; obere für Anhänger gefedert.

Schwingfedersitzbank mit Stoßdämpfern. **Geräumige Plattform.**

Geschützte Unterbringung von Einzelteilen unter einer aufklappbaren Haube, deren Abschluß die Armaturenwand ist: Luftfilter, Oelkanne, Heizlampe.

Zur Normalausrüstung gehören:
Straßenplatten (36 Stück) für die Raupenketten mit angewalzten Greifern.

Sonderausrüstung: Seilwinde, Zapfwelle, Aufsatzkästen für Reihenkulturen, Dach

Technische Einzelheiten

Höchstleistung über 1 Stunde	55 PS
Normale Dauerleistung	50 PS
Zylinderbohrung	225 mm
Kolbenhub	260 mm
Hubraum	10,3 Liter
Drehzahl	750 U/min
Leerlauf-Drehzahl	350 U/min
Zapfwellen-Drehzahl	554 U/min

Kraftstoff: Deutsches Gasöl, Braunkohlenteeröl, Gasöl, Dieselöl, Paraffinöl, Pflanzenöl, Benzin usw.

Betriebsstoffbehälter-Inhalt:

Kraftstoff	95 Liter
Schmieröl	6,5 Liter
Benzin	8 Liter
Kühlwasser	60 Liter

Verbrauch: Kraftstoff etwa 240 g je PS/Std., Schmieröl etwa 2,75 kg je Arbeitstag.

Lenkung: durch 2 mittels Handhebel betätigte Lamellenlenkkupplungen des Raupenlaufwerkes und 2 Fußhebel-Lenkbremsen (für enge Kurven und Drehen auf der Stelle).

Vorderachse: Blattfeder mit 10 Blättern.

Raupen-Laufwerk: Stahl-Rollenrahmen mit je 4 Laufrollen und je 1 Stützrolle. Lauf- und Lagerflächen der aus Stahl geschmiedeten Rollen sind gehärtet. Triebräder aus Stahlguß mit gehärteten Zähnen, Leiträder mit Stahl-Kettenleitbahnen, drehbare Kettenbüchsen und -Bolzen, gehärtet.

Bremsen: 1 Hand-Getriebebremse, 2 Fuß-Lenkbremsen.

Riemenscheibe: 500 mm ∅, 196 mm breit, rechtsseitig, Drehzahl 750.

Fahrerschutz durch Seitenwände, sowie gerade ausgeführte Kotflügel über dem hinteren Teil der Laufkette mit aufmontiertem Werkzeugkasten.

Fahrgeschwindigkeiten und max. Zughakenkräfte

Gang	Fahrgeschwindigkeit km/Std. Motordrehzahl 750 U/min	Max. Zughakenkraft auf dem Acker etwa kg
1.	2,4	4300
2.	3,3	3360
3.	4,0	2700
4.	4,8	2100
5.	6,4	1400
6.	7,7	1100
1. Rückw.	3,4	
2. Rückw.	6,6	

Maße und Gewichte

Größte Länge	3070 mm
Größte Breite	1960 mm
Größte Höhe	2380 mm
Bodenfreiheit	330 mm
Spurweite	1560 mm
Breite der Kette	400 mm

Länge der Kettenauflagefläche	1600 mm
Gesamt-Auflagefläche der Ketten	etwa 12800 cm²
Anzahl der Kettenglieder	je 35
Höhe der Anhängevorrichtung vom Boden	
obere Anhängevorrichtung	675 mm
untere Anhängevorrichtung	375 mm
Kleinster Wenderadius	1,66 m
Gewicht	etwa 5280 kg

Leistungen

Art der Arbeit	Anzahl der Pflugkörper	Leistung in 10 Stunden in Morgen
Tiefpflügen	4	20
Saatpflügen	5	25—30
Schälen	10—15	50—60
Kultivieren	—	bis 75
Eggen und Walzen	—	150—200

Abbildungen,
Maße und Gewichte annähernd und unverbindlich.

BT 4053
aprod April 1942
0/0682

LANZ

25 PS-Bulldog D 7506

für

Holzgas-Betrieb

(Zweistoff-Verfahren)

Dauerleistung 20 PS

LANZ

Ackerluft-Bulldog D 7506
für Holzgasbetrieb

Zweistoff-Verfahren

Höchstleistung des D 7506 **bei Normalbetrieb** mit flüssigen Kraftstoffen	etwa 25 PS
Dauerleistung des D 7506 **bei Holzgasbetrieb**	etwa 20 PS
Gaserzeuger	Imbert
Holzverbrauch etwa 0,8 bis 1 kg pro PS und Std.	
Holz-Füllung des Gaserzeugers . .	etwa 40 k
Betriebsdauer bei einer Füllung des Gaserzeuge im praktischen Betrieb	etwa 2 Stunde
Gasölverbrauch im Dauerbetrieb (Zweistoffverfahren)	etwa 1 bis 1,2 kg je St

Weitere technische Daten nach Typenblatt 13015

Die genannte Dauerleistung von 20 PS bei Holzgasbetrieb wird erzielt unter Verwendung von Gen- ratorholz mit einer Feuchtigeit von 10—15% und einer Motor-Drehzahl von 800.

Das Holz (Abfallholz, Stammholz u. dgl.), jedoch keine Birke und Eiche, muß vor dem Einfüllen in de Gaserzeuger auf etwa Streichholzschachtel- bis Faustgröße zerkleinert werden. Sperrige Holzstück verhindern das Nachrutschen im Gaserzeuger. Das Tankholz soll keine Verunreinigungen wie Erd Steine, Nägel, Moos u. dgl. enthalten, da diese Schlacken bilden, welche die Herdeinschnürung z setzen und den Gasdurchtritt behindern. Die Holzkohlenbildung ist bei Buchenholz am besten, so da dieses häufig anderen Holzarten beigemischt wird. Der Feuchtigkeitsgrad des Tankholzes soll 9—14 seines Gewichtes betragen und darf 25% nicht überschreiten. Morsches und stockiges Holz ergi schlechtes Gas. Hobelspäne und Sägemehl sowie Rinde können nur in geringen Mengen mitverga werden, bleiben aber am besten weg. Tankholz und Holzkohlen sind in überdachtem Raum auf feste Boden (am besten in Säcken) zu lagern und vor Feuchtigkeit und Verunreinigung zu schützen.

HEINRICH LANZ MANNHEIM

AKTIENGESELLSCHAFT

Fernruf 34411, Drahtanschrift: Lanzwerk Mannheim, Drahtanschrift für die Lanz-Zweigstellen: „Lanzwer

Zweigstellen:	Fernruf:
Berlin-Charlottenburg 2, Uhlandstr. 11, Ecke Kantstr.	31 81 55
Breslau 13, Straße der SA 35	382 21
Hannover-Wülfel, Brabrink 4	843 47
Köln-Ehrenfeld, Oskar-Jäger-Straße 143	508 41/42

Zweigstellen:	Fernr
Königsberg i. P., Bahnhofwallstraße	Pregel 411
Magdeburg, Listemannstraße 17	223
München-Laim, Landsberger Straße 328	804
Posen-Luisenhain	26 78 und 26

Wien XXI, Shuttleworthstraße 8, Fernruf: A 61 060 und A 60 570

Einer der wenigen heute noch vollständig erhaltenen Holzgas-Bulldogs, ein D 7506-Gas-Zweistoff, steht im Bauern- und Technikmuseum der Familie Kiemele. *Foto: K. Häfner*

Zu den beiden vorangehenden Seiten: Trotz der Kriegsjahre eine ansprechende Werbung für den Holzgas-Bulldog.

Eine nach Kriegsende auf Gasöl-Glühkopf rückgebaute Zweistoffmaschine zeigt das untere Bild. Die detailgetreu restaurierte Maschine vom Typ HRG7 D 8506-Gas ist heute im Besitz der Familie Kehr in Spangenberg im Schwalm-Eder-Kreis. *Foto: K. Häfner*

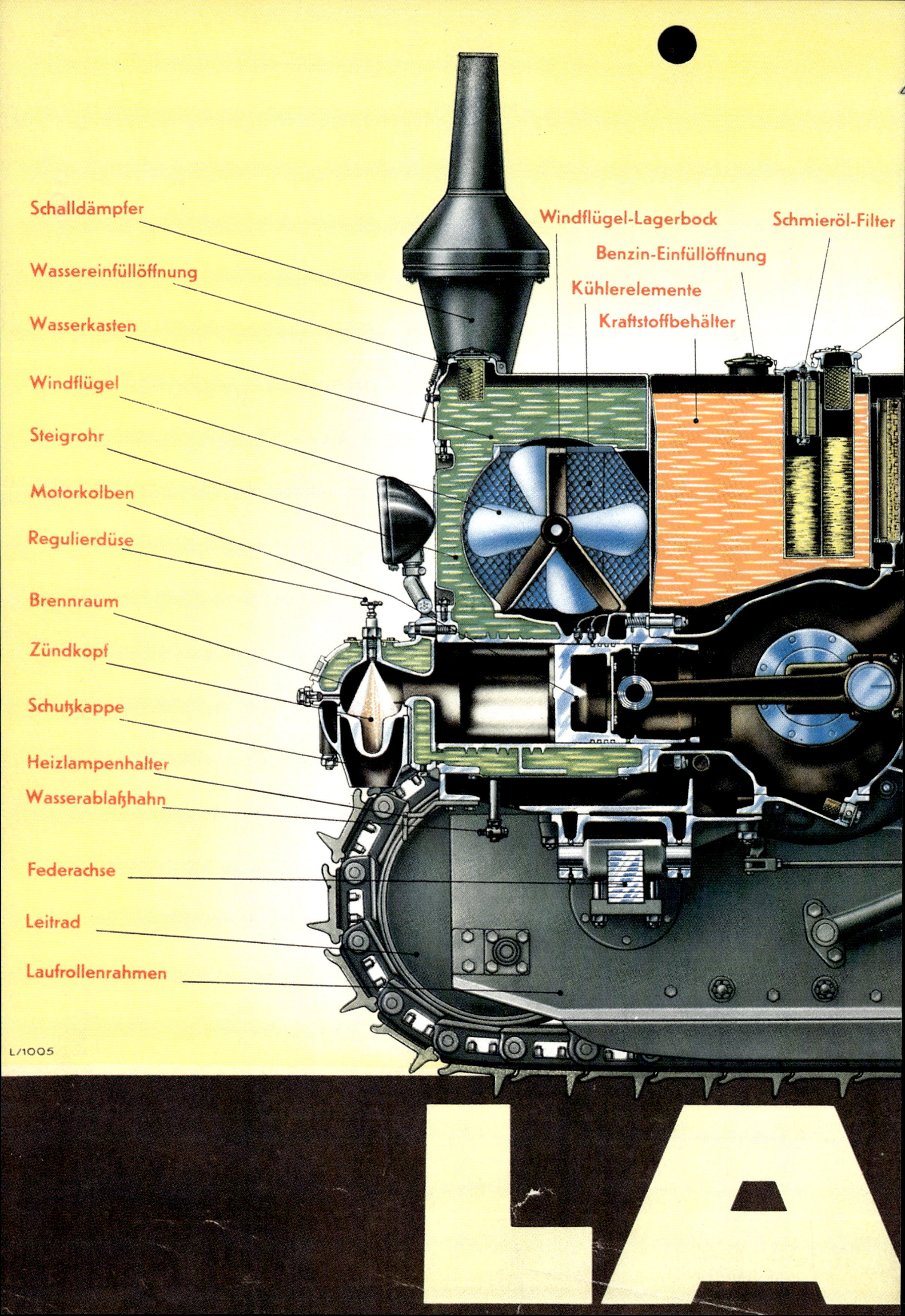
Schalldämpfer
Wassereinfüllöffnung
Wasserkasten
Windflügel
Steigrohr
Motorkolben
Regulierdüse
Brennraum
Zündkopf
Schutzkappe
Heizlampenhalter
Wasserablaßhahn
Federachse
Leitrad
Laufrollenrahmen
Windflügel-Lagerbock
Schmieröl-Filter
Benzin-Einfüllöffnung
Kühlerelemente
Kraftstoffbehälter
L/1005
LA

Die Bulldog-Raupe

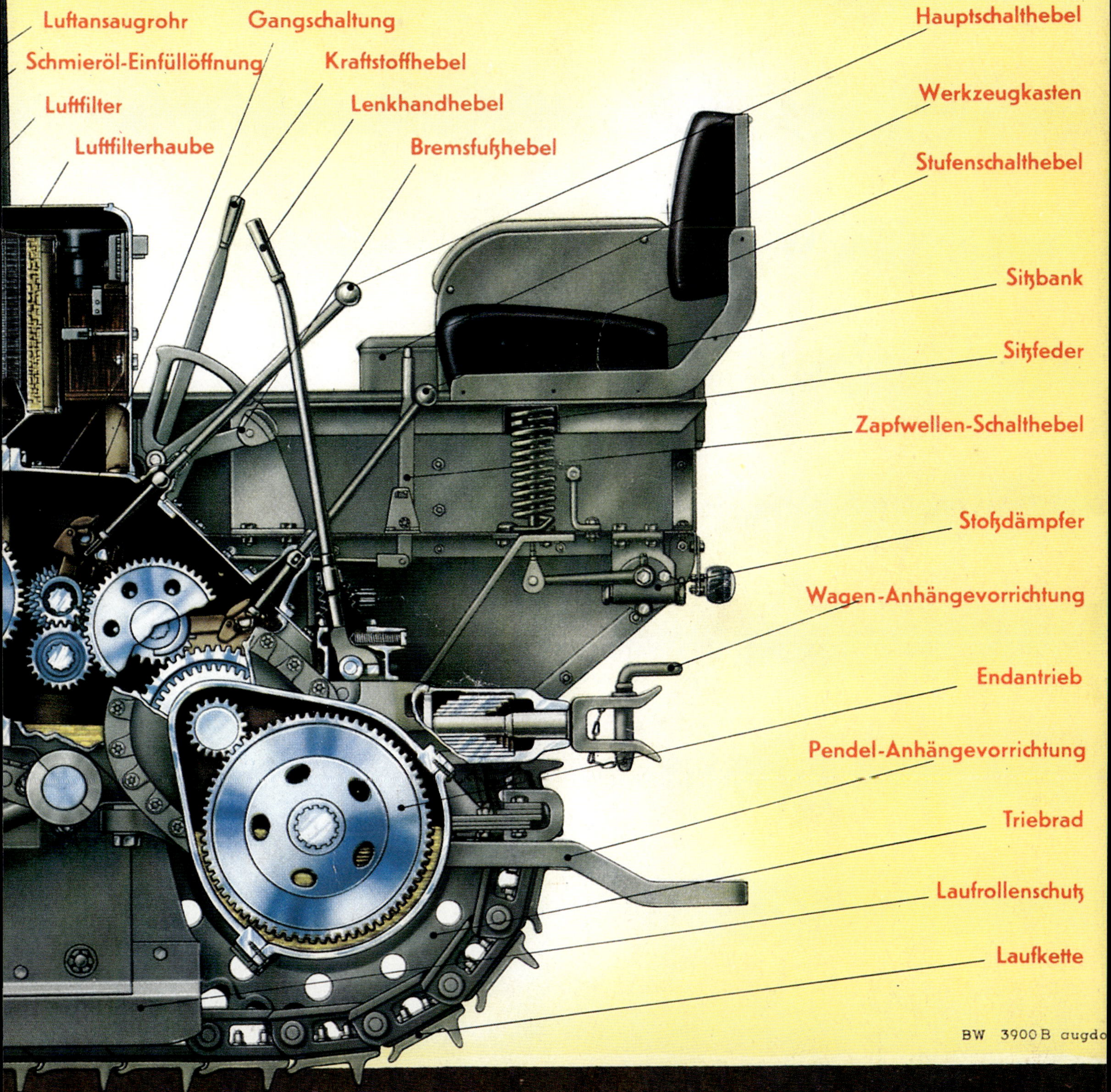

BW 3900 B augdo

NZ

Dieser gut erhaltene Raupen-Bulldog war auf dem Bulldog-Treffen von Karl-Heinz Gau in Hückelhofen bei Krefeld zu sehen. *Foto: K. Häfner*

Auch bei dieser Umbau-Bulldog-Raupe dürfte es sich um ein Einzelstück handeln. Zu finden ist sie auf einem großen Hofgut in Norddeutschland. Dank der Weitsicht des Besitzers wurde ihr das Schicksal des Schneidbrenners erspart und sie kann heute für Repräsentationszwecke verwendet werden.

aus Meisterhand
KURT HÄFNER ARCHIV
LANZ
16 PS
ALLZWECK-BAUERN-
Bulldog
2 121/I

LANZ-Allzweck-Bauern-Bulldog
16 PS

Typ Nennleistung	D 5506 Allzweck-Bauern-Bulldog	
Schlepper-Bauart:	Block-Konstruktion, Rumpf bestehend aus Zylinder, Kurbel-, Getriebe- und Hinterachsgehäuse.	
Motor-Bauart:	Einzylinder-Zweitakt-Mitteldruck-Motor, liegend angeordnet, mit Glühkopfzündung und Schlitzsteuerung.	
Zylinderbohrung mm Kolbenhub . . mm Hubvolumen Liter . Drehzahl Umdr./Min Leerlaufdrehzahl Regler	145 170 2,8 950 450 Endregler auf Kurbelwelle sitzend, hält Motorendrehzahl bei jeder Belastung konstant.	
Schmierung:	Frischöl-Umlauf-Druck-Schmierung für die Motor-Triebwerksteile; Hochdruck-Fettschmierung für die übrigen Teile. Doppelte Umlauf-Filterung: Sieb im Kurbelgehäuse und Filzplattenfilter im Ölbehälter.	
Kühlung:	Wärmegefälle-Umlaufkühlung ohne Pumpe, mit Windflügel und Blockkühler, Abdeckbleche.	
Luftfilter:	LANZ-Hochleistungsfilter mit ölfeuchter Kokosfaser-Füllung und Ansaugrohr	
Kupplung:	Dreibackenkupplung, durch einen Fußhebel betätigt.	
Getriebe:	Stirnräder-Schubgetriebe mit 6 Vorwärts- und 2 Rückwärts-Gängen. Kugelschaltung	
	für Ackerarbeiten (Reifendruck 0,9 Atü) km/Std.	für Transporte (Reifendruck 2,5 Atü) km/Sd.
1. Gang	3,2	3,3
2. Gang	4,7	4,8
3. Gang	6,9	7,0
4. Gang	8,4	8,7
5. Gang	12,2	12,6
6. Gang	18,2	18,8
1. Rückwärtsgang	5,9	6,0
2. Rückwärtsgang	15,5	16,0
Bremsen:	Hinterrad-Handbremse, Hinterrad-Fußbremse zugleich Einzelrad-Lenkbremse, Kupplungs-(Riemenscheiben-)Bremse.	
Bereifung: vorn: hinten:	4,50-16 Spurreifen auf Stahlrädern m. Tiefbettfelgen 7-36 Ackerluftreifen auf Stahlrädern mit Tiefbettfelgen.	
Riemenscheibe:	auskuppelbar, rechts auf der Kurbelwelle. Durchmesser . . mm 440 Breite . . . . mm 125 Drehzahl Umdr./Min. 950	

Typ Nennleistung	D 5506 Allzweck-Bauern-Bulldog
Fahrerplatz:	durch Seiten- und Bodenbleche geschützt. Armaturenwand für elektrischen Schaltkasten usw.; Drehrichtungsanzeiger; Rechtssteuerung, alle Bedienungshebel automobilmäßig angeordnet. Fahrersitz verstellbar, Sitz u. Rückenlehne gepolstert
Elektrische Anlage:	Lichtmaschine 12 Volt, 75 Watt; Bleibatterie 12 Volt, 50 Amp./Std.; 2 Scheinwerfer, 2 Schlußlichter, davon eins mit Stopplicht; Signalhorn. **Anlaßzündung** (zur Inbetriebsetzung des Motors ohne Heizlampe): umfaßt Zündspule, Zündkerze, Schalter usw.
Kraftstoff:	Gasöl, Dieselöl, Paraffinöl, Braunkohlenteeröl, Schieferteeröl, Petroleum u. a.
Kraftstoffverbrauch:	16-22 kg je Arbeitstag (10 Std.) im Jahresdurchschnitt eines landwirtschaftlichen Betriebes.
Kraftstoff-Behälter-Inhalt: Schmierölverbrauch: Schmieröl-Behälter-Inhalt: Benzin-Behälter-Inhalt: Kühlwasser-Behälter-Inhalt:	28 Liter etwa 0,75 kg je Arbeitstag 4 Liter 4 Liter 28 Liter
Maße und Gewichte: mit Ackerluftbereifung	
Größte Länge	2745 mm
„ Breite	1735 mm
„ Höhe	1850 mm
Radstand	1670 mm
Bodenfreiheit	440 mm
Spurweite von Radmitte zu Radmitte, vorn	1200—1565 mm
hinten . . .	1200—1500 mm
Vorderräder, wirksamer ∅ .	606 mm
„ Reifen ∅ . .	645 mm
„ Reifenbreite .	118 mm
Hinterräder, wirksamer ∅ .	1120 mm
„ Reifen ∅ . .	1185 mm
„ Reifenbreite .	185 mm
Höhenlage der Wagen-Anhängevorrichtung	635 mm
der Geräte-Anhängevorrichtung verstellbar	260 mm 357 mm 485 mm
Wendekreis-Halbmesser . .	2,6 m
Gewicht, betriebsfertig, in Normalausrüstung ca. . .	1180 kg

Sonderausrüstungen:
Starter: 12 Volt - Hydraulischer Kraftheber; Doppelt wirkende Hydraulik mit Höhen-Feinregulierung, Hebelwelle mit Einklinkvorrichtung; Verriegelung für Wechselpflüge und zum Ausschalten der Einklinkvorrichtung. Kopplung für Kraftwirkung zum Heben und Senken sowie Kupplung für Kraftwirkung nur zum Heben - Anhängevorrichtung: hydraulisch schwenkbar für Ackergeräte - Windschutzscheibe mit elektrischem Scheibenwischer - Wasserdichtes Dach mit Seitenwänden und Rückwand - Kilometerzähler - Riemenleitrolle für besondere Betriebsverhältnisse - motorisch angetriebene Reifenluftpumpe - Anbaugrasmäher: 4½' Schnittbreite, rechts schneidend, Handaushebung des Messerbalkens, hydraulische Aushebung bei Kraftheber - Kühlerschutz.

16 PS LANZ-Allzweck-Bauern-Bulldog mit Anbau-Grasmäher - Schnittbreite 4½'

Aushebung mit Hand oder hydraulisch mit Kraftheber.

HEINRICH **LANZ** MANNHEIM
AKTIENGESELLSCHAFT

Fernruf 43 555/32 555 - Drahtwort: Lanzwerk Mannheim

Der Raupen-Bulldog konnte auch mit einer Seilwinde geliefert werden.

Mit dem Getriebe konnten folgende Fahrgeschwindigkeiten erreicht werden:

1. Gang	3,2 km/h
2. Gang	3,9 km/h
3. Gang	4,8 km/h
Rückwärts	4,2 km/h
4. Gang	5,5 km/h
5. Gang	6,6 km/h
6. Gang	8,0 km/h
Rückwärts	5,0 km/h

Als Sonderausrüstung wurden eine Zapfwelle, verschiedene Aufschraubplatten für die Raupenkette sowie Winkelgreifer angeboten.

Der kleinste Wenderadius wird mit 1660 mm, das Gewicht mit etwa 4770 kg angegeben. Die maximale Zughakenkraft auf dem Acker betrug im ersten Gang etwa 3100 kg, im sechsten Gang etwa 1100 kg

Die Raupenketten waren auf Wunsch mit warm angewalzten Greifern oder mit glatten Platten ausgerüstet.

Unter der Nummer D 1551 wurde ein Raupen-Bulldog geliefert, der über den genannten Umfang hinaus mit einer Anlaßzündung und einer elektrischen Beleuchtung ausgerüstet war.

Unter der Nummer D 1552 wurde derselbe Raupen-Bulldog geliefert, jedoch ohne Anlaßzündung.

Im Laufe des Jahres 1939 änderte sich der Fahrraum. Die auf der hinteren Kettenhälfte montierten Kotflügel wurden nicht mehr verwendet, sondern durch solche Seitenbleche ersetzt, wie sie beim Bulldog schon einige Jahre üblich waren, sie konnten außerdem weitaus kostengünstiger hergestellt werden. Auf der rechten und linken Außenseite wurde darüber hinaus jeweils ein Schutzbrett angeschraubt. Diese Schutzbretter gaben dem Fahrer Schutz vor den Raupenketten und boten gleichzeitig Platz für die weiterhin mitgeführten Werkzeugkästen.

Zum Ende des Jahres 1939 wurden die Raupen-Bulldogs D 1550, D 1551 und D 1552 aus dem Programm genommen und durch die Raupen-Bulldogs D 1560 und D 1561 ersetzt.

Der D 1560 war mit einem anders gezähnten Getriebe ausgestattet. Mit ihm wurden die Fahrgeschwindigkeiten in der unteren Geschwindigkeitsgruppe gesenkt, dafür aber die Zugkraft erhöht.

Der Lieferumfang der Grundausrüstung wie auch der Sonderausrüstung entsprach dem des Raupen-Bulldogs D 1550.

Unter der Nummer D 1561 wurde dieser Raupen-Bulldog mit elektrischer Ausrüstung und Anlaßzündung geliefert, womit auch der D 1551 seinen Nachfolger hatte. Der D 1552 wurde nicht mehr ersetzt.

Das Gewicht wird mit 5000 kg, die maximale Zugkraft auf dem Acker im ersten Gang mit etwa 4000 kg und im sechsten Gang mit etwa 1100 kg angegeben.

Mit dem Getriebe konnten folgende Fahrgeschwindigkeiten erreicht werden:

1. Gang	2,4 km/h
2. Gang	3,3 km/h
3. Gang	4,0 km/h
Rückwärts	3,4 km/h
4. Gang	4,8 km/h
5. Gang	6,4 km/h
6. Gang	7,7 km/h
Rückwärts	6,6 km/h

55 PS-Bulldog-Straßenbauraupe mit Vögele-Straßenbau-Maschine beim Bau einer neuen Straße.

Weiter gab es das Modell „T" mit der Nummer D 1560. Hier wurde das Eigengewicht mit 5200 kg, die maximale Zughakenkraft auf dem Acker im ersten Gang mit 4300 kg und im sechsten Gang mit etwa 1100 kg angegeben.

Raupen-Bulldog D 1571 für den Straßenbau

Die in Mannheim in unmittelbarer Nähe der Firma Lanz ansässige Maschinenfabrik Joseph Vögele AG wandte sich Mitte der dreißiger Jahre an Lanz, um Raupen-Bulldogs zu beziehen. Diese Bulldogs sollten im Straßenbau, vor allem zum Ziehen von Bodenvermörtelungsmaschinen verwendet werden. Maschinen, deren Arbeitsweise extrem niedrige Geschwindigkeiten von bis zu zweieinhalb Meter pro Minute erforderlich machten.
Da die Vögele AG schon damals eine europaweit arbeitende Firma war, lohnte sich der Bau von Raupen-Bulldogs mit solch niedrigen Geschwindigkeiten.
Man griff dazu auf den in der Serie gefertigten Raupen-Bulldog D 1561 zurück und versah diesen mit jeweils einem Vorgelege-Getriebe auf der rechten und linken Antriebsseite außerhalb des Fahrraums. Mit Hilfe eines Schalthebels auf der jeweiligen Getriebe-Oberseite konnte ein Schieberad betätigt werden, über welches die normale oder die untersetzte Fahrgeschwindigkeit vorgewählt wurde. Wichtig war dabei, daß jede Seite auf dieselbe Fahrstufe, entweder „L" für langsam oder „S" für schnell geschaltet war. Mit dem Vorgelege-Getriebe wurden die normalen Fahrgeschwindigkeiten auf je ein Sechzehntel herabgesetzt, weshalb auch nur bei absolutem Stillstand der Maschine geschaltet werden konnte. Nachstehende Fahrgeschwindigkeiten standen zur Verfügung:

Das Starten erfolgte mittels Haltebügel für das Lenkrad zur Sicherheit der Bedienungsperson.

Mit diesem Schalthebel wurde das Vorgelege ein- oder ausgeschaltet; L = Langsam, S = Schnell.

	L	S
1. Gang	0,159 km/h	2,4 km/h
2. Gang	0,216 km/h	3,3 km/h
3. Gang	0,261 km/h	4,0 km/h
2. Rückwärts	0,418 km/h	6,7 km/h
4. Gang	0,312 km/h	4,8 km/h
5. Gang	0,414 km/h	6,4 km/h
6. Gang	0,505 km/h	7,7 km/h
1. Rückwärts	0,225 km/h	3,5 km/h

Dieser als „Straßenbau-Raupe" ausgezeichnet geeignete Raupen-Bulldog erhielt die Bestellnummer D 1571 und verfügte über eine stabile Pendelvorderachse mit Blattfederung. Durch den Einbau der beiden Vorgelege-Getriebe wurde das Fahrwerk um 440 mm breiter, wodurch die Lenksäule des zum Starten notwendigen Lenkrades ebenfalls verlängert werden mußte, was einen gefahrvolleren Start bedeutete. Dem wurde durch den Anbau eines Bügels außerhalb des rechten Laufwerkes entgegengewirkt, in dem die Lenksäule gesichert werden konnte.

Die Straßen-Raupe D 1571 verfügte serienmäßig über eine elektrische Lichtanlage mit verbreitertem Lampenhalter, eine Anlaßzündung und ein Verdeck mit aufrollbaren Seiten- und Rückenteilen und darin eingearbeiteten Zellonfenstern.

Der Baubeginn dürfte in das Jahr 1940 gefallen sein, genaue Angaben lassen sich leider nicht auffinden. Während des Krieges kamen diese Straßen-Raupen zusammen mit den Bodenvermörtelungsmaschinen bei der Firma Vögele in großem Umfang speziell in Rußland, Polen, Ostpreußen und Afrika zum Einsatz. Nach dem Krieg hatte man die Bodenvermörtelungsmaschinen modifiziert und mit einer eigenen, von Vögele selbst entwickelten Zugmaschine ausgerüstet.

Schnitt durch das Vorgelege.
1 Schalthebel; 2 Schaltdeckel; 3 Schaltgabel; 4 Schaltstange; 5 Triebrad; 6 Schaltrad; 7 Vorgelegewelle; 8 Zahnrad; 9 Vorgelegegehäuse; 10 Hinterachse; 11 Zahnrad; 12 Vorgelegewelle; 13 Kegelrollenlager; 14 Zahnrad; 15 Deckel; 16 Zahnrad.

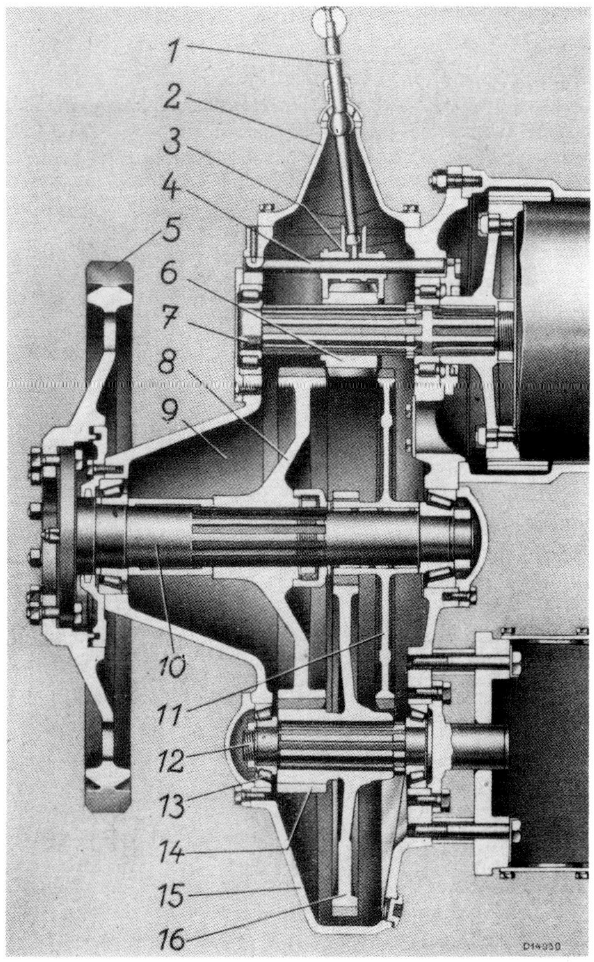

Straßenbau-Raupe

LANZ Bulldog-Raupe D 1571 **55 PS**

D 1571

Konstruktion und Ausrüstung

der 55 PS Bulldog-Straßenbau-Raupe D 1571

Dem Sonderzweck für Straßenbau entsprechend ist die 55 PS LANZ Bulldog-Straßenbau-Raupe

beiderseits mit Sondervorgelege für besonders langsame Fahrgeschwindigkeit ausgerüstet,

welche zusätzlich zwei umschaltbare Zahnradstufen enthalten. Durch diese können die sechs normalen Fahrgeschwindigkeiten gemeinsam auf je ein sechszehntel herabgesetzt werden. Die auf den Gehäusen des Endantriebes angebrachten Schalthebel werden vor Beginn der Arbeit bei Stillstand der Bulldog-Raupe je nach Bedarf entweder auf normale oder auf langsame Fahrgeschwindigkeiten eingestellt.

12 Fahrgeschwindigkeiten vorwärts, dadurch beste Anpassung an die verschiedensten Boden- und Belastungs-Verhältnisse.

Leichtes Kuppeln und schnelles Schalten durch Einhebelkupplung.

Große Wendigkeit.

Schwingfedersitzbank mit Stoßdämpfern.

Bequeme Hebelanordnung.

Geräumige Plattform.

Dach aus wasserdichtem Segeltuch mit aufrollbaren Rücken- und Seitenteilen mit Zellonfenstern.

Großer Kraftstoffbehälter für 103 Liter Schweröl.

Geschützte Unterbringung von Einzelteilen unter einer aufklappbaren Haube, deren Abschluß die Armaturenwand ist: Luftfilter, Oelkanne, Heizlampe.

Riemenscheibenantrieb, staubdicht gekapselt, rechtsseitig mit Leerlauf. Auspuff links angeordnet.

Schmierölersparnis durch automatische Regelung der Oelzufuhr.

Boschöler unter Schwungradschutz (links).

Fußhebelölpresse zum Abschmieren des Laufwerkes; Behälter faßt 5 kg Oel.

Anhängevorrichtung: für Geräte, seitlich schwingend.

Zur Normalausrüstung gehören:
Straßenplatten (36 Stück) für die Raupenketten mit gewalzten Stahlgreiferplatten.

Sonderausrüstung: Zapfwelle

Technische Einzelheiten

Motor-Bauart: Liegender Einzylinder-Zweitakt-**Mitteldruck**motor, ohne Ventile, ohne Vergaser, mit **Frischöl/Umlaufschmierung** für den Motor und **Preßschmierung** aller übrigen Teile der Raupe, Wasserumlaufkühlung mit auswechselbaren Elementen, **Scheiben**kupplung, **Kugel**schaltung mit sicherer Verriegelung.

Höchstleistung über 1 Stunde	55 PS
Normale Dauerleistung	50 PS
Zylinderbohrung	225 mm
Kolbenhub	260 mm
Hubraum	10,3 Liter
Drehzahl	750 U/min
Leerlauf-Drehzahl	350 U/min

Kraftstoff: Deutsches Gasöl, Braunkohlenteeröl, Gasöl, Dieselöl, Paraffinöl, Pflanzenöl, Benzin usw.

Betriebsstoffbehälter-Inhalt:

Kraftstoff	103 Liter
Schmieröl	6,5 Liter
Benzin	7 Liter
Kühlwasser	60 Liter

Verbrauch: Kraftstoff etwa 240 g je PS/Std., Schmieröl etwa 2,75 kg je Arbeitstag

Lenkung: durch 2 mittels Handhebel betätigte Lamellenlenkkupplungen des Raupenlaufwerkes und 2 Fußhebel-Lenkbremsen (für enge Kurven und Drehen auf der Stelle).

Vorderachse: kräftige Pendelachse mit Blattfeder.

Raupen-Laufwerk: Stahl-Rollenrahmen mit je 4 Laufrollen und je 1 Stützrolle. Lauf- und Lagerflächen der aus Stahl geschmiedeten Rollen sind gehärtet. Triebräder aus Stahlguß mit gehärteten Zähnen, Leiträder mit Stahl-Kettenleitbahnen, Raupenketten mit gewalzten Stahlgreiferplatten und aufschraubbaren Straßenplatten, umdrehbare Gelenkbüchsen und -Bolzen aus Stahl gehärtet.

Bremsen: 1 Hand-Getriebebremse, 2 Fuß-Lenkbremsen.

Riemenscheibe: 500 mm ∅, 196 mm breit, rechtsseitig.

Kotflügel über dem hinteren Teil der Raupenketten.

Fahrgeschwindigkeiten

Normale Fahrgeschwindigkeit Gang	km/Std.	Langsame Fahrgeschwindigkeit in km/Std.
1.	2,4	**0,159**
2.	3,3	**0,216**
3.	4,0	**0,261**
4.	4,8	**0,312**
5.	6,4	**0,414**
6.	7,7	**0,505**
1. Rückw.	3,4	—
2. Rückw.	6,6	—

Maße und Gewichte

Größte Länge	2800 mm
Größte Länge mit Dach	3100 mm
Größte Breite	2400 mm
Größte Höhe	2320 mm
Bodenfreiheit	350 mm
Spurweite (von Mitte bis Mitte Laufplatten)	2000 mm
Breite der Kette	400 mm
Länge der Kettenauflagefläche	1600 mm
Gesamt-Auflagefläche der Ketten	etwa 12800 cm²
Anzahl der Kettenglieder je Kette	35
Höhe der Anhängevorrichtung vom Boden	320 mm
Kleinster Wenderadius	2200 mm
Gewicht	etwa 5900 kg

BT 4047
augun
August 1941

0/0682 Wa

Diese Geräte waren dann maßgeblich bei der Herstellung des Autobahn- und Straßennetzes nach 1945 eingesetzt.

Bulldog-Planier-Raupe D 1581

Die Bulldog-Planier-Raupe war für den Einsatz von Erdbewegungen, für Planier- und Räumungsarbeiten vorgesehen und wurde deshalb mit einem stabilen, 2,20 m breiten und 92 cm hohen Brustschild versehen.
Das Heben und Senken erfolgte hydraulisch, die Aggregate waren auf der Bulldog-Rückseite, der Öltank unter dem Sitz angebracht. Die Zahnradpumpe wurde hierbei von der Zapfwelle angetrieben und speiste die für die Hub- und Kippbewegungen notwendigen Druckzylinder. Die Verbindungen zwischen den Zylindern und dem Schild besorgten stabile Gestänge, womit ein Anheben auf 280 mm über und 160 mm unter die Fahrebene möglich war. Ebenfalls konnte der Schild 15 Grad nach vorne sowie 25 Grad nach hinten geneigt werden.
Der Bedienungshebel für das Steuerventil war auf der rechten Seite neben dem Fahrersitz angebracht und konnte bequem vom Fahrer bedient werden.
Die Planier-Raupe hatte keine Armaturenwand und keine Motorhaube, weshalb das Luftfilter-Ansaugrohr direkt über den Saugklappen des Kurbelgehäuses montiert war. Schaltkasten und Zündspule, ebenso die Schalter für Licht und Zündstrom, waren an den Seitenblechen des Fahrraums angebracht. Die Batterie fand links vom Sitz auf der Plattform ihren Platz.

Rechts: Dieser Prospekt vom Dezember 1941 zeigt die Bulldog-Planierraupe D 1581.

Der erste Prototyp präsentiert sich auf dem Werksgelände.

Planier-Raupe

LANZ Bulldog-Raupe D 1581 **55 PS**

D 1581

Konstruktion und Ausrüstung
der 55 PS Bulldog-Planier-Raupe D 1581

Die Planier-Raupe ist für die Zwecke der Erdbewegung, für Räumungs- und Planierarbeiten mit einem **Brustschild** ausgerüstet. Die Betätigung desselben erfolgt durch einen Druckzylinder, welcher mit einer Zahnradpumpe verbunden ist. Diese wird durch die Zapfwelle angetrieben und pumpt Oel aus dem Behälter unter dem Führersitz durch ein Steuerventil in den Druckzylinder, und zwar je nach Einstellung des Steuerventils, mittels des sich rechts am Führersitz befindlichen Handhebels, entweder vor oder hinter den Kolben, wodurch das Brustschild gehoben oder gesenkt wird.

6 Fahrgeschwindigkeiten vorwärts, 2 rückwärts, dadurch beste Anpassung an die verschiedensten Boden- und Belastungs-Verhältnisse.

Leichtes Kuppeln und schnelles Schalten.

Große Wendigkeit.

Schwingfedersitzbank mit Stoßdämpfern.

Bequeme Hebelanordnung.

Geräumige Plattform.

Großer Kraftstoffbehälter für 103 Liter Schweröl.

Riemenscheibenantrieb, staubdicht gekapselt, rechtsseitig mit Leerlauf. Auspuff links angeordnet.

Schmierölersparnis durch automatische Regelung der Oelzufuhr.

Boschöler unter Schwungradschutz (links).

Fußhebelölpresse zum Abschmieren des Laufwerkes; Behälter faßt 5 kg Oel.

Anhängevorrichtung: für Geräte, seitlich schwingend.

Zur Normalausrüstung gehören:
Straßenplatten (36 Stück) für die Raupenketten mit gewalzten Stahlgreiferplatten.

Technische Einzelheiten

Motor-Bauart: Liegender Einzylinder-Zweitakt-**Mitteldruck**motor ohne Ventile, ohne Vergaser, mit **Frischöl/Umlaufschmierung** für den Motor und **Preßschmierung** aller übrigen Teile der Raupe, Wasserumlaufkühlung mit auswechselbaren Elementen, **Scheiben**kupplung, **Kugel**schaltung mit sicherer Verriegelung.

Höchstleistung über 1 Stunde	55 PS
Normale Dauerleistung	50 PS
Zylinderbohrung	225 mm
Kolbenhub	260 mm
Hubraum	10,3 Liter
Drehzahl	750 U/min
Leerlauf-Drehzahl	350 U/min

Kraftstoff: Deutsches Gasöl, Braunkohlenteeröl, Gasöl, Dieselöl, Paraffinöl, Pflanzenöl, Benzin usw.

Betriebsstoffbehälter-Inhalt:

Kraftstoff	103 Liter
Schmieröl	6,5 Liter
Benzin	7 Liter
Kühlwasser	60 Liter

Verbrauch: Kraftstoff etwa 240 g je PS/Std., Schmieröl etwa 2,75 kg je Arbeitstag.

Lenkung: durch 2 mittels Handhebel betätigte Lamellenlenkkupplungen des Raupenlaufwerkes und 2 Fußhebel-Lenkbremsen (für enge Kurven und Drehen auf der Stelle).

Vorderachse: kräftige Pendelachse mit Blattfeder.

Raupen-Laufwerk: Stahl-Rollenrahmen mit je 4 Laufrollen und je 1 Stützrolle. Lauf- und Lagerflächen der aus Stahl geschmiedeten Rollen sind gehärtet. Triebräder aus Stahlguß mit gehärteten Zähnen, Leiträder mit Stahl-Kettenleitbahnen, Raupenketten mit gewalzten Stahlgreiferplatten und aufschraubbaren Straßenplatten, umdrehbare Gelenkbüchsen und -Bolzen aus Stahl gehärtet.

Bremsen: 1 Hand-Getriebebremse, 2 Fuß-Lenkbremsen.

Riemenscheibe: 500 mm ∅, 196 mm breit, rechtsseitig.

Kotflügel über dem hinteren Teil der Raupenketten.

Hydraul. Hebevorrichtung für Brustschild

Fahrgeschwindigkeiten

Gang	km/Std.	Zugkraft kg
1.	2,4	4300
2.	3,3	3360
3.	4,0	2700
4.	4,8	2100
5.	6,4	1400
6.	7,7	1100
1. Rückw.	3,4	—
2. Rückw.	6,6	—

Maße und Gewichte

Größte Länge mit Brustschild	3400 mm
Größte Länge ohne Brustschild	2920 mm
Größte Breite	2200 mm
Größte Höhe (über Auspuff)	2340 mm
Breite des Brustschildes	2200 mm
Höhe des Brustschildes	920 mm
Größte lichte Höhe bei gehobenem Schild	280 mm
Tiefste Stellung der Schneide **unter** Fahrebene	160 mm
Schnittwinkel verstellbar	15 u. 25°
Spurweite (von Mitte bis Mitte Laufplatten)	1560 mm
Breite der Kette	400 mm
Länge der Kettenauflagefläche	1600 mm
Gesamt-Auflagefläche der Ketten	etwa 12800 cm²
Anzahl der Kettenglieder je Kette	35
Höhe der Anhängevorrichtung vom Boden	370 mm
Kleinster Wenderadius	1660 mm
Gewicht mit Planiergerät und hydraul. Anlage	6250 kg
Gewicht ohne Planiergerät und hydraul. Anlage	5200 kg

13021
decdo = Dez. 1942

0/0682

Die Bulldog-Planierraupe wird auf dem Firmengelände erprobt.

Im Jahre 1944 kam diese Raupe auf ein großes Hofgut bei Berlichingen. In den ausgehenden sechziger Jahren gab der Pächter auf, die Raupe wurde zusammen mit weiteren 5 Bulldogs zum Preis von sage und schreibe DM 300,– versteigert. Doch keiner wollte sie haben. Ein Autoverwerter erwarb sie schließlich mit dem Ziel, Schrottautos plattzudrücken. Doch für so etwas war sie nicht gebaut. So wurde sie vergessen, bis Eugen Kiemele sie schließlich entdeckte und für sein Museum erwarb. Während des Krieges waren polnische Zwangsarbeiter auf dem Hofgut beschäftigt. Einer von ihnen sollte wintertags den Raupenschlepper starten. Da sich der Motor nur schwer drehen ließ und mehr Kraft erforderlich war, stand er in die Lenkradspeichen. Wider Erwarten zündete der Motor beim ersten Pendel und verletzte den Arbeiter tödlich.

Foto: Kurt Häfner

Der Raupen-Bulldog im Einsatz als Zugmaschine mit schwerem Hänger auf morastigem Gelände . . .

. . . an steilen Hängen, wo der Einsatz eines Radschleppers nicht mehr möglich ist . . .

. . . auf Plantagen . . .

. . . hier mit Teeröl-Ausrüstung bei der Urbarmachung von verwildertem Schilf in Korea . . .

. . . bei der Ödlandgewinnung von versteppten Gelände . . .

... rechts bei Feldarbeiten zusammen mit einem Rad-Schlepper, hier im Tal des Jequekpeque-Flusses in Peru ...

... und unten beim Ziehen starker Lasten im Gelände ...

... beim Ziehen starker Pflüge.

... beim Lockern festgefahrener Böden, wie hier am Hafen ...

Die Bulldog-Planier-Raupe hatte die Bestell-Nummer D 1581. Zum Einbau kam eine stabile Pendelvorderachse mit Blattfederung, eine elektrische Anlage mit Anlaßzündung und ein Sechsgang-Getriebe, mit welchem folgende Geschwindigkeiten erreicht wurden:

1. Gang	2,4 km/h
2. Gang	3,3 km/h
3. Gang	4,0 km/h
Rückwärts	3,4 km/h
4. Gang	4,8 km/h
5. Gang	6,4 km/h
6. Gang	7,7 km/h
Rückwärts	6,6 km/h

Das Betriebsgewicht dieser Raupe wird mit 6250 kg angegeben, sie war damit die schwerste aller gebauten Lanz-Bulldog-Raupenschlepper. Die Straßen-Raupe D 1571 brachte vergleichsweise dazu etwa 5900 kg, der Raupenschlepper D 1561 etwa 5280 kg auf die Waage.

Die Bauzeit der Planier-Raupe dürfte ebenfalls wie bei der Straßen-Raupe in die Jahre von 1941 bis 1944 fallen.

Die Fertigungsstückzahlen aller Raupen sind in der Tabelle am Ende des Kapitels angegeben.

Typenübersicht mit D-Nummern und PS-Angaben

soweit heute noch bekannt

Typ/PS	D-Nummer	Art und Ausführung des Bulldogs	Preise
HKR 55 PS	D 1550	Raupen-Bulldog mit Grundausrüstung best. aus: Sechsgang-Getriebe, Lamellen-Lenkkupplungen, Plattform mit Polstersitz und Kotflügeln, Fußhebelschmierung für Laufwerk, Plattfedervorderachse	
HRK 55 PS	D 1551	Raupen-Bulldog mit Grundausrüstung, dazu elektr. Anlage, Anlaßzündung, Boschhorn	
HRK 55 PS	D 1552	Raupen-Bulldog mit Grundausrüstung, dazu elektrische Anlage und Boschhorn	
HRK 55 PS	D 1560	Raupen-Bulldog mit Grundausrüstung bestehend aus: Sechsgang-Getriebe, Lamellen-Lenkkupplungen, Plattform mit Seitenblechen und Holzablagen, Polstersitz, Fußhebelschmierung für Laufwerk, Plattfedervorderachse	
HRK 55 PS	D 1561	Raupen-Bulldog mit Grundausrüstung, dazu elektr. Anlage, Anlaßzündung, Boschhorn.	
HRK 55 PS	D 1571	Straßen-Raupe mit Sondervorgelege für besonders niedrige Geschwindigkeiten. Grundausrüstung bestehend aus: Zwölfgang-Getriebe, Lamellen-Lenkkupplungen, Plattform mit Seitenblechen und Holzablagen, Polstersitz, Verdeck mit Seiten- und Rückenteil, Fußhebelschmierung für Laufwerk, überbreites Laufwerk, gefederte Pendelvorderachse, stabile Ausrüstung	
HRK 55 PS	D 1581	Planier-Raupe mit Brustschild, Grundausrüstung bestehend aus: Sechsgang-Getriebe, Lamellen-Lenkkupplungen, Plattform mit Seitenblechen und Holzablagen, Polstersitz, Fußhebelschmierung für Laufwerk, gefederte Pendelvorderachse, stabile Ausführung	

Roadless-Ansteckraupe am 45-PS-Lanz-Bulldog, Anfang der fünfziger Jahre.

Ansteck-Raupen, der Ersatz für den Raupen-Bulldog

Wie zu erfahren war, wurden 1946 die letzten Raupen gebaut und verkauft. Dies hatte zwei Gründe: zum einen der fehlende Bedarf im Straßenbau, zum anderen das Fehlen der Exportländer direkt nach dem Krieg. Der Großteil der gefertigten Raupen-Bulldogs fand seine Käufer im Ausland, hier sind vor allem Frankreich, Griechenland, Australien und Südamerika zu nennen. Da aber weder deutsche Bürger noch deutsche Produkte zu jener Zeit im Ausland gefragt waren, fehlten die Käufer. Die innerhalb des Deutschland verbliebenen Raumes vorhandene Käuferschicht war zu gering und mußte außerdem mit anderen Herstellern von Raupen geteilt werden.

Die Alternative war deshalb die Ansteck-Raupe, wie man sie in den zwanziger und dreißiger Jahren bereits besaß. Neben der Firma Ritscher gab es noch weitere Hersteller, die sich auf den Bau

Die Ketten der Firma Kedra waren nach dem Krieg genauso beliebt wie vorher . . .

So urteilt der Fachmann:

Nachdem ich bisher **vier Ackerluft-Bulldogs** mit Greiferketten Ihrer Konstruktion ausgerüstet habe und ein weiterer Kunde durch meine Empfehlung einen compl. Satz kaufte, kann ich mich wie nachstehend über die Wirkungsweise Ihres Modells äußern: Das Auflegen und Festmachen der Greiferketten geht über Erwarten leicht und schnell vor sich.

Mein erster Versuch betraf einen 38 PS-Ackerluft-Bulldog, welcher beim Unterpflügen von langem feuchten Mist infolge Rutschens nicht einen Meter vorwärts kam, zumal auf den am Tage vorher gebreiteten Mist noch erheblich Tau gefallen war. Nach Auflegen Ihrer Greiferkette auf das linke Hinterrad zog der Ackerbulldog den dreischarigen Anhängepflug mit Düngereinlegen flott durch, **ohne auf dem sogar etwas ansteigendem Gelände den geringsten Schlupf zu zeigen.**

Der zweite Fall betraf gleichfalls einen neu gelieferten 38 PS-Ackerluft-Bulldog in einem Nachbarkreise, der übergeben werden sollte von dem Monteur der Lanz-Ueberwachung. Die Uebergabe war unmöglich, weil der tonige Boden des betreffenden Ackerschlages in den vorhergehenden Tagen durch starke Regengüsse aufgeweicht war. Der Beamte wandte sich telephonisch an mich, weil er von meinen Versuchen gehört hatte. Am folgenden Tage gegen 9 Uhr vormittags war ich im Wagen zur Stelle mit Ihrer Spezialkette. Das linke Hinterrad wurde damit bewehrt und der Bulldog **zog den schweren dreischarigen Eberhardt-Pflug Marke Atlas ohne den geringsten Schlupf glatt durch.**

Kurz darauf bekam ich zwei Aufträge aus dem Kreise Oels und Schweidnitz von einem Beamten, der die zuletzt gelieferte Kette besichtigt hatte.

Durch die Zweckmäßigkeit und Konstruktion scheint mir eine Beschädigung der Gummireifen durch die Kette ausgeschlossen.

Mit deutschem Gruß!

22. 11. 35. Lummitzsch, Glogau.

Preise der Többicke-Greiferketten D. R. G. M. mit Stahlplatten

für Reifengröße	6.00-20 Gel.	Stück RM	78.—
„ „	6.50-20 „	„ „	83.—
„ „	7.25-20 „	„ „	88.—
„ „	8.00-20 Traktor	„ „	98.—
„ „	11.25-24 „	„ „	125.—
„ „	12.75-28 „	„ „	145.—

Zweckmäßig sind **beide** Hinterräder mit Greiferketten D. R. G. M. zu versehen.

KETTENWERK MAX TÖBBICKE
LETMATHE i. W.

Drahtwort: Többicke-Letmathe-Westfalen Fernruf: Iserlohn 3570

... ebenso die Többicke-Greiferketten.

Auch bei den neueren Bulldogs waren die Ansteck-Raupen beliebt.

solcher Ansteck-Raupen spezialisiert hatten. Diese im freien Handel erhältlichen Produkte waren auch schon vor den Kriegsjahren eine billige Alternative zum Raupen-Bulldog und mußten nicht unbedingt über die Firma Lanz bezogen werden.

Wem jedoch der Preis einer Ansteck-Raupe immer noch zu hoch war, dem standen auch in den Nachkriegsjahren Eisenräder oder einfach Greiferketten zur Verfügung. Vor allem Ketten hatten einen niedrigeren Anschaffungspreis, konnten überall mitgeführt und ohne viel Werkzeug eben mal kurz montiert und schnell wieder abgenommen werden.

Produktion der HR-6-, HR-7- und HRK-Raupen-Bulldogs

	1933	1934	1935	1936	1937	1938	1939	1940	1941	1942	1943	1944	1945	1946	
HR 6	4	21													38 PS
HR 7 HRK			106	135	362	438	397	504	568	442	621	353	33	21	38 PS 44 PS 45 PS 55 PS

Teil 8

Nachkriegs-Bulldogs

Neubeginn im Bulldog-Bau bis zum endgültigen Aus

Der Zweite Weltkrieg schien die Firma Lanz in den ersten Kriegsjahren nur mit Problemen der technischen Umstellung der Bulldogs auf den Betrieb mit Feststoffen zu belasten, ebenso der Beschaffung von Ersatzstoffen der immer knapper werdenden Rohstoffe.
Teure Kupfer-Zinn-Nickel-Legierungen durften nicht mehr verwendet werden, ausländische Hölzer und Leder waren Mangelware.
In den folgenden Kriegsjahren kam das Fehlen der einberufenen Mitarbeiter hinzu, wodurch immer größere Lücken gerissen wurden. Doch im Gegensatz zum Ersten Weltkrieg wurde die Firma davor verschont, ihre Produktion umzustellen. Landmaschinen und Schlepper waren kriegswichtig, und je mehr sich die deutsche Großraumwirtschaft über Europa ausdehnte, um so dringender erschien die Produktion der landwirtschaftlichen Produkte, um die großen landwirtschaftlichen Nutzflächen Frankreichs und Osteuropas trotz des Krieges bebauen und ernten zu können.
Auch waren der Lindenhof und das Lanz-Werk seit 1942 vermehrt das Ziel von Luftangriffen, die den betrieblichen Ablauf oft stark beeinträchtigten. Doch war es immer möglich, entstandene Schäden zu beheben und die Produktion weiterzuführen.

1945, jeder Kreis eine detonierte Bombe.

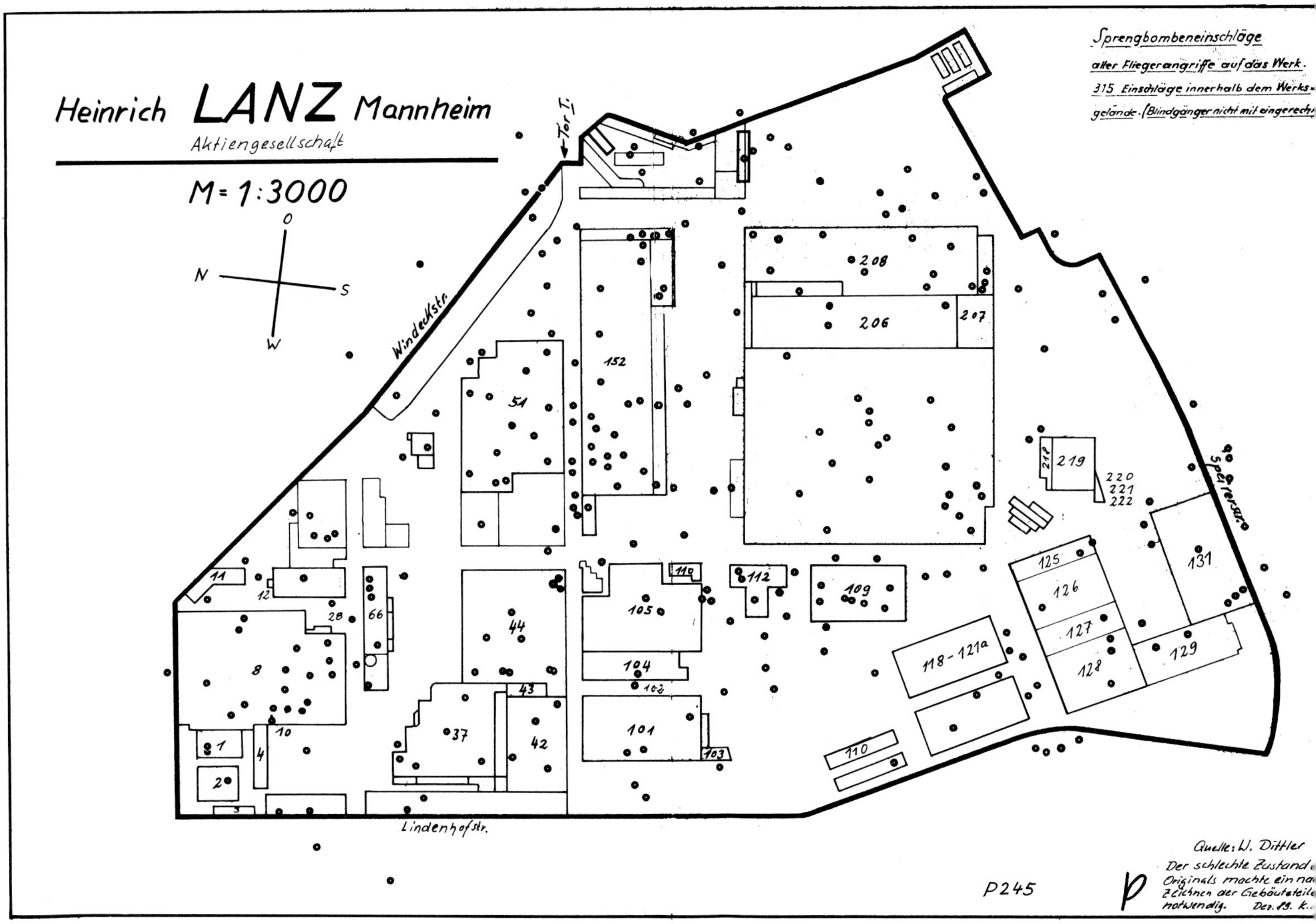

Dies war bis zum Frühjahr 1945 der Fall, in dem der Einmarsch der Alliierten durch heftige Bombenangriffe vorbereitet wurde. Ganze Bombenteppiche gingen über dem Werk nieder und verursachten immer größere Schäden.
Bis zum Kriegsende blieb wenig mehr als ein riesiger Trümmerhaufen übrig. Mehr als drei Viertel aller Gebäude und Werkshallen waren zerstört, manche sprachen von 85 Prozent.
Von den über 3500 Werkzeugmaschinen war die Hälfte unbrauchbar, ganze 800 waren noch ein-

Der totale Krieg. Die Bilder sprechen für sich!

satzfähig, und etwa 700 Stück ließen eine Reparatur erfolgreich erscheinen.

Ein Mitarbeiter schrieb damals: „Ich war Trümmer und Ruinen gewohnt. Als ich aber die Zerstörung der Fabrik sah, blieb mir doch der Atem stecken, und ich mußte mir unwillkürlich ans Herz greifen."

Einzig das Wahrzeichen des Mannheimer Werkes, der im Jahre 1900 erbaute Lanz-Turm, überstand alle Bombenangriffe nahezu unbeschadet. Als die Firma im Sommer 1945 von den amerikanischen Besatzungsbehörden eine Produktionserlaubnis erhielt, sah die Lage trostlos aus. Langsam meldete sich ein Arbeiter nach dem anderen beim Pförtner und fragte nach Arbeit. Manche kamen kilometerweit zu Fuß wie in den Zeiten der frühen Industrialisierung des 19. Jahrhunderts. Andere fuhren mit dem Fahrrad über Feldwege, Notstege und Brücken täglich 20, 30 und mehr Kilometer weit, um zu ihrer Arbeitsstelle zu kommen, die ihnen nichts weiter bot als einen Trümmerhaufen, der aufzuräumen war.

Was die Belegschaft in diesen ersten Monaten und Jahren nach Kriegsende an verbissener Arbeit geleistet hat, können alle, die es miterlebt haben, nicht hoch genug rühmen. Unter freiem Himmel, im Keller im Wasser stehend, von Ziegelstein zu Ziegelstein hüpfend, die Arbeitsstelle mit dem Feuerzeug notdürftig beleuchtend, gruben sie die Maschinen aus den Trümmern, setzten sie wieder in Gang und begannen, aus den Resten an Vorräten, die es noch gab, die ersten Schlepper zu bauen.

Der größere Teil der Belegschaft war mit Bauarbeiten und mit der Herstellung von Ersatzteilen beschäftigt, denn 40000 Bulldogs waren noch in Betrieb und brauchten dringend Ersatz. Für die Firma aber gab es dadurch die Möglichkeit zur Kompensation. Nicht nur Nahrungsmittel für die Werksküche, sondern auch Baumaterialien mußten durch Tausch beschafft werden. Wer nichts an Sachwerten zu bieten hatte, konnte nicht hoffen, Sachwerte zu erhalten. Wie in der Inflation nach dem Ersten Weltkrieg waren alle Kalkulationsgrundlagen über den Haufen geworfen.

Aber es war ein Glück für die Firma, daß sie in der amerikanischen Besatzungszone lag, denn die Amerikaner förderten den Wiederaufbau der

Industrie und stellten auch Lebensmittel für die Werksküche zur Verfügung. Niemand konnte damals vorhersehen, wie schnell sich die Lage für die deutsche Industrie wandeln würde, wie schnell es wieder möglich sein würde, nicht nur zu produzieren, sondern auch zu verkaufen. Zunächst lag es nahe, dort anzuknüpfen, wo man vor den schweren Bombenangriffen aufgehört hatte, und die Maschinen zu bauen, deren Produktionsstätten am ehesten wieder in Gang gesetzt werden konnten. Dies waren die großen Schlepper, eine alte Domäne von Lanz. Die drohende Gefahr einer Demontage ging glücklicherweise vorüber. Lanz durfte den Wiederaufbau ungestört fortsetzen. Dabei wurde Wert darauf gelegt, die alte Lanz-Tradition zu wahren und

Der 25-PS-Allzweck-Bulldog mit hydraul. Hecklader.

Der 20-PS-Allzweck-Bulldog mit Mähwerk.

von der Gießerei und Schmiede über den Motoren- und Getriebebau bis zur Montage möglichst alles selbst zu machen. Die Firma sollte wieder eine reine Landmaschinenfabrik werden.
Der Beginn des Schlepperbaues war sehr mühselig, eine Neuanfertigung von Teilen war zunächst gar nicht möglich. Unter den Trümmern verschüttete Teile wurden ausgegraben, aufgearbeitet und für eine Wiederverwendung hergerichtet. Ebenso konnten die in den Montagehallen vorhandenen Bulldogs zusammengebaut werden nach dem Motto „aus drei mach eins".

Die Holzgas-Aggregate wurden entfernt und Glühkopf-Bulldogs gebaut. Die Zeichnungen waren während der Bombenangriffe weitgehend vernichtet worden, es fehlten allein bis November 1943 etwa 102000 Zeichnungen. Deshalb konnten die ersten Bulldogs nur nach den Erinnerungen der einzelnen Mitarbeiter gebaut werden. Was der eine nicht mehr wußte, der Kollege von nebenan konnte sich noch daran erinnern. So entstanden schließlich die ersten verkaufsfertigen Bulldogs.
Glaubt man einer aus dem Jahre 1945 stammen-

Der 25-PS-Allzweck-Bulldog mit Windschutzscheibe, Verdeck und Zwillingsbereifung.

Der Allzweck-Bulldog

LANZ

20 PS — **D 3506**

25 PS — **D 7506**

LANZ Allzweck-Bulldog

D 3506 20 PS und 25 PS D 7506

Typ / Nennleistung	D 3506 Allzweck 20 PS	D 7506 Allzweck 25 PS
Schlepper-Bauart	Block-Konstruktion, Rumpf bestehend aus Zylinder, Kurbel-, Getriebe- und Hinterachsgehäuse.	
Motor-Bauart	Einzylinder-Zweitakt-Mitteldruck-Motor, liegend angeordnet, mit Glühkopfzündung und Schlitzsteuerung.	
Zylinderbohrung mm	170	170
Kolbenhub . . . mm	210	210
Hubvolumen Liter .	4,7	4,7
Drehzahl Umdr./Min	760	850
Leerlaufdrehzahl Umdr./Min. . . .	350	350
Regler	Endregler, auf Kurbelwelle sitzend, hält Motordrehzahl bei jeder Belastung konstant.	
Schmierung	kombinierte Frischöl- und Umlauf-Druck-Schmierung für die Motor-Triebwerksteile; Hochdruck-Fettschmierung für die übrigen Teile. Doppelte Umlauföl-Filterung: Sieb im Kurbelgehäuse und Filzplattenfilter im Ölbehälter.	
Kühlung	Wärmegefälle-Umlaufkühlung ohne Pumpe, mit Windflügel und 5 leicht auswechselbaren Kühlerelementen. Kühlwirkung durch Abdeckbleche regulierbar.	
Luftfilter	LANZ-Hochleistungsfilter mit ölfeuchter Kokosfaser-Füllung.	
Kupplung	Dreibackenkupplung, automobilmäßig betätigt.	
Getriebe	Stirnräder-Schubgetriebe mit 6 Vorwärts- und 2 Rückwärtsgängen. Kugelschaltung.	
1. Gang	4,0	3,3
2. Gang	5,5	5,0
3. Gang	7,5	6,9
4. Gang	10,5	8,6
5. Gang	14,5	13,2
6. Gang	20,0	18,2
1. Rückwärtsgang	5,5	5,0
2. Rückwärtsgang	14,5	13,2
Bremsen	Getriebe-Handbremse, Hinterrad-Fußbremse, als Lenkbremse, Kupplungs- (Riemenscheiben-) Bremse.	
Bereifung vorn:	5,50-16 Luftreifen 3,25 D-16 auf Stahlrädern	6,00 - 20 Luftreifen 3.75 P - 20 auf Stahlfelgenrädern
hinten:	8,00-36 mit Ackerluft W 7-36 auf Stahlscheibenrädern mit Breitbettfelgen	9,00 - 42 mit Ackerluft DW 8 - 42 auf Stahlscheibenrädern mit Breitbettfelgen
Riemenscheibe	Auskuppelbar rechts auf der Kurbelwelle.	
Durchmesser . . mm	540	540
Breite . . . . . mm	150	150
Drehzahl Umdr./Min.	760	850

Typ / Nennleistung	D 3506 Allzweck 20 PS	D 7506 Allzweck 25 PS
Fahrerplatz	dreiseitig umschlossen, mit Armaturenwand für elektrischen Schaltkasten, Drehrichtungsanzeiger, Rechtssteuerung, die Bedienungshebel automobilmäßig angeordnet. Gefederter Schwingsitz, Sitz und Rückenlehne gepolstert, Sitz und Federung verstellbar.	
Elektrische Anlage	Lichtmaschine 12 Volt, 75 Watt, Stahlbatterie 12 Volt, 62,5 Amp./Std., 2 Scheinwerfer mit Fernlicht, Abblendlicht und Standlicht, 2 Schlußlichter, Stopplicht, Signalhorn. **Anlaßzündung** (zur Inbetriebsetzung des Motors ohne Heizlampe) umfaßt: Zündspule, Zündkerze, Schalter usw.	
Kraftstoff	Gasöl, Dieselöl, Paraffinöl, Braunkohlenteeröl, Schieferöl, Petroleum.	
Kraftstoff-Verbrauch je Arbeitstag (10 Std.) im Jahresdurchschnitt eines landwirtschaftlichen Betriebes kg	22–28	25–32
Kraftstoffbehälter-Inhalt Ltr.	50	50
Schmieröl-Verbrauch je Arbeitstag kg	1	1,25
Schmierölbehälter-Inhalt Ltr.	5	5
Benzinbehälter-Inhalt . Ltr.	5	7
Kühlwasserbehälter-Inhalt Ltr.	26	26
Maße und Gewichte		
Größte Länge . . . . mm	2840	3050
„ Breite . . . . mm	1416–1710	1770
„ Höhe . . . . mm	2055	2180
Radabstand . . . . mm	1680	1755
Bodenfreiheit . . . . mm	350	470
Spurweite von Radmitte zu Radmitte vorn . . mm	1260–1500	1200–1445
hinten . . mm	1206–1500	1180–1530
Vorderräder, wirksamer Ø mm	656	790
„ Reifen-Ø mm	705	834
„ Reifenbreite mm	147	156
Hinterräder, wirksamer Ø mm	1220	1420
„ Reifen-Ø mm	1295	1500
„ Reifenbreite mm	210	242
Höhe der Geräte-Anhängevorrichtung vielfach verstellbar zwischen	285–640	250–650
Abstand der verstellbaren Geräte-Anhängeschiene von Mitte Schlepper-Hinterachse zwischen	435–815	442–880
Wendekreis-Halbmesser . m	3,2	3,0
Gewicht, betriebsfertig, in Normalausrüstung ca. . kg	1850	2150

Sonderausrüstungen

Windschutzscheibe - Dach - motorische Reifenfüllanlage - Zapfwelle - Drückvorrichtung - Riemenleitrolle - Pendel-Starter 12 Volt. - Ölhydraulischer Kraftheber mit schwenkbarer Anhängevorrichtung. - Zwillingsbereifung - Gitterräder für Hinterrad-Verbreiterung. - Sonderausrüstung nur für D 3506: Gefederte Wagenanhängevorrichtung. Anbau-Grasmäher 5' Schnittbreite: Aushebung des Messerbalkens von Hand oder hydraulisch mit Kraftheber.

HEINRICH LANZ MANNHEIM
AKTIENGESELLSCHAFT

Fernruf: Verwaltung D 4, 9 Nr. 435 55/325 55 - Werk Lindenhof: 450 81
Drahtwort: Lanzwerk Mannheim

13 130/V 1952
jaces

den Produktionsliste, so konnten vom Sommer bis zum Jahresende 1945 ganze 55 Bulldogs gebaut werden.
Es handelte sich um einen 25-PS- und 16 45-PS-Acker-Luft-Bulldogs. Dazu fünf große Eil-Bulldogs und 33 Raupen-Bulldogs.
Selbst die Jahre danach hatte die Firma noch stark unter den Kriegsfolgen zu leiden, was die Zahlen der gefertigten Schlepper-Einheiten deutlich werden lassen. Es werden im Jahre 1946 399 Stück, im Jahre 1947 636 Stück und 1948 1469 Bulldog-Einheiten angegeben. Wahrlich eine verschwindend geringe Zahl, vergleicht man mit dem Jahr 1939, in dem noch das Zehnfache, nämlich fast 15000 Bulldogs, verkauft werden konnten.
Hatte es zunächst den Anschein, daß die großen Bulldogs eher gefragt waren, so war schon ab 1946 deutlich zu erkennen, daß der Schwerpunkt bei den 25-PS-Maschinen lag. Daneben wurde nur eine geringe Menge von 45-PS-Acker- und Acker-Luft- sowie die großen Eil-Bulldogs und ein paar Raupen gebaut. Ab 1947 hatte man die Produktion von Raupen ganz eingestellt.
Ab dem Jahre 1948 bauten die Mannheimer wieder 35-PS-Bulldogs, doch erst ab 1950 hatte die Firma Lanz die Kriegsfolgen so weit überwunden, daß sie in der Lage war, dem Kunden das komplette, vor den Kriegsjahren gewohnte Bulldog-Programm anzubieten.
Es standen allein drei Allzweck-Bulldogs zur Auswahl, der D 5506 mit 16 PS, der D 3506 mit 20 PS und D 7506 mit 25 PS. Letzterer war schon vor den Kriegsjahren entwickelt und gebaut worden. Neu war der 16-PS-Bulldog als Nachfolger des 15-PS-Bauern-Bulldogs, über den an anderer Stelle ausführlicher berichtet wird, und der 20-PS-Allzweck-Bulldog.
Der 20-PS-Allzweck-Bulldog war neu im Programm und sollte mit den Vorteilen des großen Rades und der damit verbundenen Zugkraftausnutzung im weichen Boden sowie der erhöhten Bodenfreiheit auch jenen Kunden zur Verfügung stehen, denen ein 25-PS-Allzweck-Bulldog zu groß und zu teuer war. Zu seinen Merkmalen zählten die Speichenräder auf der Antriebsachse mit einer Bereifung von 8,00 —36, sowie die gekröpfte Vorderachse mit Reifen der Größe 5,50 —16, was ihm eine Bodenfreiheit von nahezu 40 cm verschaffte.
Alle Allzweck-Bulldogs waren mit einer elektrischen Anlage ausgerüstet, die aus einer Batterie,

Der Acker-Luft-Bulldog mit 25 PS . . .

. . . mit 45 PS

einer Lichtmaschine, zwei Scheinwerfern, zwei Schlußlichtern, einem Signalhorn und einer Anlaßzündung bestand. Den Anlasser gab es als Sonderausrüstung gegen Mehrpreis. Die 20- und 25-PS-Bulldogs waren zunächst noch mit einer 6-V-Anlage ausgerüstet, was allerdings zwischen den Jahren 1951 und 1952 auf 12 V geändert wurde.
Alle Allzweck-Bulldogs verfügten über Zusatzkotflügel über den Hinterrädern.
Das Acker-Luft-Bulldog-Programm stand in gewohnter Breite zur Verfügung und beinhaltete die Typen D 3506 mit 20 PS, D 7506 mit 25 PS, D 8506 mit 35 PS, D 9506 mit 45 PS und D 1506 mit 55 PS und konnte somit den breiten Rahmen bäuerlicher Bedürfnisse abdecken.
Sie waren mit Scheibenrädern, einer ungefederten Vorderachse und einem Auspuff nach oben ausgerüstet, sowie einer elektrischen Anlage und

Anlaßzündung, die zunächst noch mit 6 V, später mit 12 V geliefert wurde.
Ebenfalls im Programm waren die Acker-Bulldogs als D 3500, D 7500, D 8500, D 9500 und D 1500 von 20 bis 55 PS, deren Merkmale das Dreigang-Getriebe und die Eisenbereifung waren. Diese Bulldogs ließen sich jedoch im europäischen Raum kaum mehr verkaufen, sie waren eher für den Export bestimmt. Länder wie Indien, China oder auch in Afrika mit ihren oft fehlenden Devisen schätzten nach wie vor die Zuverlässigkeit des Bulldogs sehr. Hier war die billigere Acker-Ausführung sehr willkommen.
Für alle Bulldogs, ob Allzweck-, Acker- oder Acker-Luft-Bulldog, standen als Sonderausrüstungen gegen Mehrpreis verschiedene Ausrüstungen zur Verfügung: eine Windschutzscheibe mit elektrischem Scheibenwischer, ein Verdeck mit Seitenwänden und Rückenwand, Zapfwelle, Riemenleitrolle, Reifenluftpumpe, Anbau-Grasmäher und eine Drückevorrichtung. Ebenso verschiedene Räder und Radverbreiterungen.
Auch das Transportgewerbe im Nahbereich wurde bedacht. Hierfür bot Lanz zunächst den bekannten Eil-Bulldog mit 55 PS und Fünfgang-Getriebe an. Die Ausführungen, einmal mit offenem Führerhaus und Windschutzscheibe als D 2531, sowie die Ausführung mit geschlossenem Führerhaus als D 2539 entsprachen denen der Vorkriegs-Bulldogs.

Der Acker-Luft-Bulldog mit Hinterrad-Kotflügel mit 20, 25, 45 und 55 PS. Der 55-PS-Bulldog zeigt eine Export-Ausführung für Griechenland.

Da dieser Eil-Bulldog jedoch für viele Unternehmen zu teuer war, sah man sich zu einer Erweiterung des Programms genötigt.
Man beschloß den Bau von Verkehrs-Bulldogs und bot ab 1951 gleich die gesamte Leistungspalette an:
Den D 7532 mit 25 PS, den D 8532 mit 35 PS, den

Ein 16-PS-Allzweck-Bulldog aus der Sammlung des Autors. Bitte beachten Sie, daß der auf dem Bild dargestellte Auspuff und die Vorderradbereifung nicht dem Original entsprechen. Foto: K. Häfner

Das untere Bild zeigt drei Allzweck-Bulldogs mit 16, 20 und 28 PS unserer norddeutschen Bulldog-freunde. Die beiden Glühkopf-Bulldogs wurden einst, wie auf dem Bild zu sehen, mit blauer Lackierung der Felgen ausgeliefert. Foto: K. Häfner

LANZ
BULLDOG
VS
HL 155
MÜHLHAUSEN

LANZ
BULLDOG

Eine Seltenheit: Ein Nachkriegs-Bulldog französischer Herkunft, gebaut nach Vorkriegszeichnungen. Ullrich Kramer brachte ihn technisch auf Vordermann, die optische Restaurierung steht noch bevor. Die kleinen Bilder zeigen zwei Varianten des Firmenzeichens auf dem Steigrohr.

Zur gegenüberliegenden Seite:
55 PS hat dieser Verkehrs-Bulldog, der ebenfalls aus dem Jahre 1953 stammt. Er ist im Besitz von Helmut Lauffer aus Schwenningen, welcher ihn in jahrelanger Kleinarbeit so sauber restauriert hat, wie er niemals die Werkshallen verlassen hat.
Foto: K. Häfner

Dieser Eilbulldog aus dem Jahre 1953, damals ohne Klappverdeck nur mit dem einfachen, bulldogüblichen Dach an die Hedwigshütte in Berlin geliefert, war einer der letzten. Nach ihm wurden noch ganze acht Eilbulldogs verkauft. *Foto: K. Häfner*

Das nebenstehende Bild zeigt einen polnischen Ursus-Bulldog mit 45 PS. Auch wenn der Ursus etwas im Schatten steht, so kann man doch deutlich die Identität mit dem Bulldog erkennen.
Fotos: K. Häfner

D 8532

LANZ
Verkehrs-Bulldog
35 PS

D 8532

HEINRICH **LANZ** MANNHEIM
AKTIENGESELLSCHAFT

D 8532 Bauart des Schleppers und Normalausrüstung

chlepper-Bauart: Blockkonstruktion, Rumpf bestehend aus Zylinder, Kurbel-, Getriebe- und Hinterachsgehäuse.

lotor-Bauart: Einzylinder - Zweitakt - Mitteldruck - Motor, liegend angeordnet, mit Glühkopfzündung und Schlitzsteuerung, Bohrung 225 mm, Hub 260 mm, Hubrauminhalt 10,3 Liter, Drehzahl 540 Umdr./Min., Leerlauf-Drehzahl 350 Umdr.-Min.

egler: Endregler, auf Kurbelwelle sitzend, hält Motordrehzahl bei jeder Belastung konstant.

chmierung: kombinierte Frischöl- und Umlaufdruckschmierung für die Motor - Triebwerksteile; Hochdruck - Fettschmierung für die übrigen Teile. Doppelte Umlauföl-Filterung: Sieb im Kurbelgehäuse und Filzplattenfilter im Ölbehälter.

ühlung: Wärmegefälle - Umlaufkühlung ohne Pumpe, mit Windflügel und 8 auswechselbaren Kühlerelementen, Kühlwirkung durch Jalousie vom Fahrersitz aus regulierbar.

uftfilter: Lanz-Hochleistungsfilter mit ölfeuchter Kokosfaser-Füllung.

uspuff: nach unten, mit doppeltem Schalldämpfer.

upplung: Scheibenkupplung, automobilmäßig betätigt.

iemenscheibe: auskuppelbar, rechts auf der Kurbelwelle, 680 mm ∅, 190 mm breit, Drehzahl 540 Umdr./Min.

etriebe: Stirnräder-Schubgetriebe mit 6 Vorwärts- und 2 Rückwärtsgängen. Kugelschaltung.

remsen: Getriebe - Handbremse, Hinterrad - Fußbremse.

Vorderachse: gefedert, mit Halbeliptikfeder.

Vorderräder: mit Luftreifen 7,00—20. Stahlfelgenräder in Kegelrollenlagern laufend.

Hinterräder: mit Ackerluftreifen 12,75—28. Stahlscheibenräder mit Tiefbettfelgen.

Kotflügel: über Vorder- und Hinterrädern.

Fahrerplatz: Plattform dreiseitig umschlossen, mit Armaturenwand, elektrischem Schaltkasten, Drehrichtungsanzeiger usw.; Rechtssteuerung. Bedienungshebel automobilmäßig angeordnet.

Windschutzscheibe: mit elektrischem Scheibenwischer.

Fahrtrichtungsanzeiger.

Fahrersitz: gepolsterter Schwingfedersitz mit verstellbaren Dämpfungsfedern.

Dach: zum Schutze des Fahrers gegen Sonne, Wind und Regen. Rück- und Seitenwände aus wasserdichtem Segeltuch mit Zellonfenstern.

Anhängevorrichtungen: automatische Anhängekupplung gefedert.

Elektrische Anlage: Lichtmaschine 12 Volt, 130 Watt; Beibatterie 12 Volt, 75 Amp./Std., 2 Scheinwerfer, Schlußlicht, Stopplicht, Signalhorn.

Anlaßzündung (zur Inbetriebsetzung des Motors ohne Heizlampe) umfaßt: Zündspule, Zündkerze, Schalter usw.

Zubehör: Luftreifen-Montage-Werkzeuge, Luftpumpe, Luftdruckprüfer, Wagenheber, Heizlampe, Fettpresse, Ölkanne, Werkzeugkasten mit vollständigem Werkzeug, ein Satz kleinerer Ersatzteile.

Sonderausrüstungen gegen Mehrpreis

tarter: Pendelstarter 12 V mit Bleibatterie 12 V, 94.5 Amp./Std.

apfwelle: rechts neben Getriebegehäuse, staubdicht gekapselt, in Kegelrollenlagern laufend, auf Wunsch auch zur Übertragung der vollen Motorleistung.

rückevorrichtung: zum Rangieren auf engem Raum.

Reifenfüllanlage: mit Luftpresser und Luftreiniger für motorisches Aufpumpen der Luftreifen.

Riemenleitrolle: für ungünstige Stellung der anzutreibenden Maschine.

Seilwinde.

Technische Daten

lotorleistung . . . . 35 PS

raftstoff: Gasöl, Dieselöl, Paraffinöl, Braunkohlenteeröl, Schieferöl, Petroleum.

raftstoffverbrauch: . . . . etwa 240 g je PS-Std.

raftstoffbehälter-Inhalt: . . . . 90 Liter

Schmieröl-Verbrauch: . . . etwa 1,75 kg je Arbeitstag

Schmierölbehälter-Inhalt: . . . . 6,5 Liter

Benzinbehälter-Inhalt: . . . . 7 Liter

Kühlwasserraum-Inhalt: . . . . 53 Liter

lax. Brutto-Zugleistungen mit Ackerluftbereifung

auf guter, fester, trockener Straße bei 0% Schlupf

Gang	Maximale Brutto-Zugleistung in Tonnen bei Steigung	0%	3%	6%	9%	12%	15%
1.	über	30	30	27	18	14	11
2.	,,	30	30	17	12	8	6
3.		30	19	10	6	4,5	3
4.		30	12,5	6,5	4		
5.		24	8	3,5			
6.		14	3,5				

Fahrgeschwindigkeiten

Gang	1.	2.	3.	4.	5.	6.	1. Rückw.	2. Rückw.
mit Ackerluftreifen km/Std.	3,5	5,1	7,6	10,7	15,7	23,2	4,4	13,5

Maße und Gewichte

	mit Ackerluftbereifung
Größte Länge	3490 mm
Größte Breite	1792 mm
Größte Höhe	2330 mm
Bodenfreiheit	315 mm
Radabstand	1977 mm
Spurweite von Radmitte zu Radmitte vorn	1316 mm
Spurweite von Radmitte zu Radmitte hinten	1467 mm
Vorderräder, wirksamer ∅	820 mm
,, Reifen ∅	874 mm
,, Reifenbreite	174 mm
Hinterräder, wirksamer ∅	1210 mm
,, Reifen ∅	1340 mm
,, Reifenbreite	325 mm
Abstand vom Boden der Wagen-Anhängevorrichtung .	815 mm
Wendekreis-Halbmesser	4,25 m
Gewicht, betriebsfertig in Normalausführung	3170 kg

Abbildungen, Maße und Gewichte annähernd und unverbindlich

Der Verkehrs-Bulldog mit 25, 35, 45 und 55 PS. Quelle: Walter Dittler

D 9532 mit 45 PS und den D 1532 mit 55 PS. Lediglich die unteren Leistungsklassen mit 16 und 20 PS hatte man ausgelassen, denn für Transporte mit höheren Geschwindigkeiten war die Motorleistung zu schwach.

Die Ausrüstung der Verkehrs-Bulldogs trug der Tatsache Rechnung, daß diese in aller Regel in den großen Geschwindigkeiten gefahren werden, daß sie täglich und bei jedem Wetter gefahren werden mußten, daß vor allem, verglichen mit den landwirtschaftlich genutzten Fahrzeugen, große Strecken zurückgelegt werden mußten. Deshalb zählte zur serienmäßigen Ausrüstung eine gefederte Vorderachse, der „Auspuff nach unten", eine Windschutzscheibe mit Scheibenwischer, ein Verdeck mit Seitenverkleidung, ein gepolsterter Schwingfedersitz mit verstellbarer Dämpfungsfederung, außerdem Kotflügel über den Vorder- und Hinterrädern. Ferner kam eine automatisch schließende Anhängekupplung zum Einbau. Bei der Bereifung der Hinterräder konnte zwischen normalen Acker-Luftreifen oder Stahl-Scheibenrädern mit Straßenprofilen auf Tiefbettfelgen gewählt werden. Selbstverständlich gehörte eine komplette elektrische Ausrüstung mit Anlaßzündung ebenfalls zur Serienausrüstung. Dazu gab es auf Wunsch einen Anlasser,

Die Verkehrs-Bulldogs wurden mit dem „Auspuff nach unten" geliefert.

Der Weinberg-Bulldog mit zapfwellengetriebener Anbauspritze von verschiedenen Ansichten.

Zapfwelle, Drückevorrichtung, Reifenfüllanlage und eine Riemenleitrolle.
Auch dem Weinbau, den Plantagen und sonstigen Kulturen wollte man mit dem Bau zweier Bulldogs Rechnung tragen. Einmal der 16-PS-Plantagen-Bulldog, über den im übernächsten Kapitel ausführlicher berichtet wird, sowie der 25 PS starke Weinberg-Bulldog D 7508. Dieser Bulldog entsprach dem Grundmodell D 7506, hatte jedoch eine etwas schmälere Bauart und konnte außerdem mit speziellen Geräten ausgerüstet werden, wie sie im Plantagenbau alltäglich waren.
Auf die Verkleidung aller hervorstehenden Teile wie beim 16-PS-Plantagen-Bulldog wurde jedoch verzichtet. Selbst der Auspuff war serienmäßig nach oben, und nur auf besonderen Wunsch nach unten geliefert worden.

Schon immer galt der Bulldog als unverwüstlich, worüber vielerorts gesprochen wurde. Im Laufe der Jahre entstanden hierüber natürlich Novellen und Anekdoten, die der Volksmund alsbald zu erzählen wußte. Eine davon lautete etwa so: Ein Bulldog macht fünf Fahrer fertig, fünf Fahrer jedoch keinen Bulldog. Dieses Sprichwort kam nicht von ungefähr, denn tatsächlich sollen viele Fahrer im Alter oft über kaputte Rücken geklagt haben. Auch beim Anwerfen mit dem Lenkrad hatte so mancher seine Probleme. Ein guter Bekannter erzählte mir einmal folgende Geschichte, die ihm selbst passiert war: Als er noch jung an Jahren war, wollte er eines Morgens mit dem Bulldog des Vaters in die Stadt fahren, um bei Tagesanbruch dort zu sein. Also ging er früh um vier Uhr zum Schuppen, in dem der Bulldog abgestellt war. Das Vorheizen und auch das Anwerfen ging sehr gut, es mußte ja alles im dunkeln geschehen, denn Strom gab es im Schuppen nicht. Also Lenkrad aus der Lenksäule, auf die Kurbelwelle stecken und anwerfen.
Der Bulldog lief auf den ersten Schlag, doch dann passierte es: das Lenkrad war ihm aus der Hand geglitten, und zufassen ging nicht, es war ja stockfinster.
Also schnell raus aus der Hütte und Schutz suchen hinter der nächsten Wand. Der Bulldog lief sehr ruhig und gleichmäßig, die Lötlampe brannte noch unter dem Glühkopf, als plötzlich ein ohrenbetäubender Lärm das gleichmäßige „Puff-Puff" unterbrach, was schließlich vom Lärm herabfallender Dachziegel begleitet wurde.

Mit diesem Sicherheitsbügel wurde das Lenkrad gesichert.

Natürlich war dem Fahrer sofort klar, was geschehen war, er schnappte sich die Lötlampe und versuchte in deren Lichtschein das Lenkrad zu finden. Eine Suche ohne Erfolg. Schließlich gab es nur eins: den Bulldog abstellen und abwarten, bis der Tag Licht in die Dunkelheit brachte. So geschehen nach zwei Stunden des Wartens. Das Lenkrad hatte sich aus der Kurbelwelle gelöst und wurde durch das Dach Richtung Himmel geschleudert, wo es sich in den Ästen eines Birnbaumes verfangen hatte und nicht mehr den Weg auf die Erde fand.
Solche und ähnliche Geschichten gab es natürlich viele zu erzählen, und nicht immer ging es so glimpflich ab. Leider gab es auch Tote zu beklagen.
Dies rief in den ausgehenden vierziger Jahren den TÜV und die landwirtschaftliche Berufsgenossenschaft auf den Plan, was zahlreiche Sicherheitsvorkehrungen am Bulldog zur Folge hatte.
Ab Mitte 1949 wurde das Anlassen mit dem Lenkrad in der bisherigen Weise verboten. Lanz reagierte darauf mit dem Anbau eines Sicherheitsbügels, der außerhalb der Schwungradabdekkung seinen Platz fand. Beim Starten des Bulldogs wurde dieser Bügel auf Höhe der Kurbelwellenmitte nach unten geklappt, das Lenkrad in die Kurbelwelle gesteckt und mit dem Bügel gesichert. Danach konnte der Anwerfvorgang gefahrlos vollzogen werden. Neu war dieser Sicherheitsbügel keineswegs, denn er wurde schon in den Kriegsjahren für die Holzgas-Bulldogs entwickelt. Häufige Fehlzündungen oder Flammenrückschläge im Kurbelgehäuse machten den Lenkradstart bei Versuchsmaschinen mit

Nach dem Abnehmen der Schutzhaube ließ sich der Motor mit der Anwurfscheibe gefahrlos anwerfen.

gesichertem Lenkrad notwendig, wollte man sich keinem erhöhten Risiko aussetzen.

Ab etwa 1950 waren die Bulldogs mit einer Anwurfscheibe ausgerüstet, die fest am Schwungrad montiert war. Um an diese Anwurfscheibe heranzukommen, hatte man den Schwungrad-Schutz mit einem großen Deckel versehen, welcher nach dem Aushaken dreier Federhaken bequem abgenommen werden konnte.

Aufgrund dieses Deckels läßt sich selbst für einen Laien sofort einordnen, ob der Bulldog vor oder ab 1950 gebaut wurde.

Ebenfalls zur Jahreswende 1949/50 wurden die Bulldogs mit einem Polstersitz ausgerüstet. Dieser Sitz wurde für die neue Bulldog-Reihe mit dem stehenden Mehrzylinder-Glühkopfmotor

Fahrerstand bei 25-PS-Acker-Luft- und Verkehrs-Bulldog: 1 Zugstange für Kühlerregulierklappen; 2 Kontrollampe rot; 3 Schaltkasten; 4 Steckdose für Handlampe; 5 Zündschalter; 6 Lenkrad; 7 Drehrichtungsanzeiger; 8 Handbremshebel; 9 Kupplungsfußhebel; 10 Stange für Kraftstoffhahn; 11 Kraftstoffhandhebel; 12 Druckknopf für Signalhorn; 13 Gangschalthebel; 14 Stufenschalthebel; 15 Bremsfußhebel für Linkslenkung; 16 Bremsfußhebel für Rechtslenkung; 17 Kraftstoff-Fußhebel.

entwickelt und gestattete das Einstellen von Größe und Gewicht des jeweiligen Fahrers. Damit wurde Bandscheibenschäden der Fahrer vorgebeugt. (Ein ähnlicher Sitz für zwei Personen wurde schon vor dem Zweiten Weltkrieg angeboten.)
Anlaß zu Problemen bei manchen TÜV-Prüfstellen gaben die ungeschützt und freilaufenden Antriebsräder der Bulldogs. Deshalb bot Lanz dachförmig aussehende Zusatzkotflügel an, die mit dem Bulldog gekauft oder nachträglich montiert werden konnten. Durch sie hatte der Fahrer einen noch größeren Schutz vor den Hinterrädern. Den linken Kotflügel hatte man dabei geteilt, um die vordere Hälfte beim Betreiben eines Mähwerks abnehmen zu können. Gleichzeitig konnte durch Anbringen eines Haltebügels eine zusätzliche Mitfahrgelegenheit für einen Beifahrer geschaffen werden.
Geändert hatte man auch das Steigrohr, das ab Mitte des Krieges bis Anfang der fünfziger Jahre mit vier jeweils an den Ecken angebrachten Noppen versehen war. Wurden nämlich die Bulldogs einst mit einer Holzgas-Anlage ausgerüstet, so hatte man in diese Noppen Gewindelöcher gebohrt, um die Anlagen daran festzuschrauben.

Zu sehen sind diese Noppen noch beim Raupen-Bulldog im Kiemele-Museum und am Verkehrs-Bulldog von Helmut Lauffer. Der Holzgas-Rückbau-Bulldog von Herrn Kehr verfügt über die gebohrten Noppen.

Diese Steigrohre lassen sich auch daran erkennen, daß die Vorderseite stärker gewölbt ist.
Immer wieder finden sich Bulldogs, an denen der komplette Kühler-, Tank- und Motorhauben-Aufbau etwa 10 cm höher ist als die Seitenbleche des Fahrraums. Diese Bulldogs geben oft Anlaß zu Diskussionen und Spekulationen unter den Bulldog-Sammlern und -Kennern, doch Genaues wußte bisher niemand. Deshalb möchte ich an dieser Stelle etwas mehr darauf eingehen, um die vorhandenen Zweifel zu beseitigen. Hier ist ein Rückblick in das Jahr 1938 notwendig, denn am 11. Oktober jenes Jahres wurde eine umfangreiche Untersuchung abgeschlossen.
Der Grund war das Bekanntwerden von Klagen, besonders aus warmen und tropischen Ländern, daß bei stundenlanger Vollast des 10-Liter-Bulldogs das Kühlwasser kochte.
Um diesem Übel entgegenzutreten, wurde zuerst mit der Schränkung der Ventilatorflügel in verschiedenen Schrägen begonnen, ebenfalls mit dem Einbau von Flügelrädern mit unterschiedlicher Flügelzahl. Dazu änderte man das Übersetzungsverhältnis zwischen treibender und getriebener Riemenscheibe, wodurch Drehzahlen des Ventilatorflügels zwischen 2900 und 3500 U/min erreicht wurden. Hier konnten sehr gute Kühl-Erfolge erzielt werden, jedoch waren bis zu 6 PS notwendig, um den Ventilatorflügel zu betreiben. Also konnte man keinesfalls die optimale Kühlwirkung ausnutzen, wollte man dem Bulldogmotor nicht unnötig Leistung abnehmen. Weitere Versuche verliefen dahingehend, daß der Wasserkasten zunächst 50 und dann 100 Liter mehr Inhalt bekam, auch das Steigrohr konnte mit seiner gewölbten Brust mehr Wasser aufnehmen. Diese Änderungen verbesserten zwar die Kühlung weiter, führten aber letztlich doch nicht zum gewünschten Erfolg. Deshalb entschloß man sich zur Verlängerung der Kühlelemente von 100 mm, verbunden mit dem Höhersetzen des Ventilatorbocks um 50 mm, um eine zentrale Lage der Kühlfläche zu erreichen. Mit dieser Lösung war es möglich, einen 45 PS starken Bulldog über sieben Stunden mit Vollast zu belasten, bis das Kühlwasser zu verdampfen begann.
Aus dem Ergebnis dieser Untersuchungen war dann der um 10 cm höhere Bulldog entstanden, den man als Tropen-Bulldog bezeichnete. Er erhielt 10 cm längere Kühlelemente, einen größeren Wasserkasten und einen etwas schneller drehenden Windflügel bei leicht schräger gestellten Flügeln. Man hatte die aus den Untersuchungen gewonnenen optimalsten Ergebnisse verwirklicht, ohne dem Motor unnötige Leistung abzuverlangen.
Die höhere Bauweise hatte gleichzeitig den Vorteil, daß der Brennstoffbehälter und der unter der Motorhaube gelegene Werkzeug- und Batterieraum ebenfalls vergrößert werden konnten. Damit war dem Bulldog ein kräftigeres Aussehen gegenüber den übrigen HR-Maschinen gegeben. Einige der Änderungen, wie etwa der schräger gestellte Ventilator mit dem geänderten Übersetzungsverhältnis und dem gewölbten Steigrohr, wurden dann auch bei den übrigen Bulldogs eingeführt.
Fortgesetzt wurden die Kühlversuche mit dem Einbau einer Wasserpumpe und eines Blockkühlers, um entsprechende Vergleiche anstellen zu können. Doch war von vorneherein klar, daß diese Teile nicht in Serie gehen würden, denn dies hätte ein komplettes Ändern des gewohnten Bulldog-Gesichts zur Folge gehabt.

Die ersten Bulldogteile entstanden in der Gießerei.
Quelle: Walter Dittler

Maschinelles Stumpfschweißen der Bulldog-Vorderachse.
Quelle: Walter Dittler

Dreschmaschinen am laufenden Band. Quelle: Walter Dittler

Großserienmontage der Stahl-Lanz-Dreschmaschinen. Quelle: Walter Dittler

Dieses Bild vermittelt einen Einblick in die Bulldogendmontage zur Zeit vor dem Zweiten Weltkrieg. Quelle: Walter Dittler

Bulldogendmontage in den ausgehenden vierziger Jahren. Quelle: Walter Dittler

Hatten die Bulldogs die Endkontrolle erfolgreich bestanden, wurden sie für den Versand gerichtet. Quelle: Walter Dittler

Hier wurden die Bulldogs verladen, um dann in die ganze Welt zu gelangen. Diese Sendung ging nach Indien. Quelle: Walter Dittler

Waren diese Tropen-Bulldogs zunächst nur für den Export in warme Länder bestimmt, so änderte sich dies jedoch sehr schnell mit dem Fortschreiten der Holzgas-Versuche. Denn hier war man ebenfalls auf eine bessere Kühlwirkung angewiesen, wie sie der bisherige Bulldog mit sich brachte. So gelangten schließlich „hohe" Bulldogs mit Holzgas-Anlagen zur Auslieferung.
Nach dem Krieg hatten meines Wissens alle 55-PS-Bulldogs nur noch hohe Kühlelemente.

Der Bau der 20- und 25-PS-Bulldogs endete im Jahre 1952 mit dem Erscheinen der neuen Schlepper-Reihe, den sogenannten Halbdiesel-Bulldogs.
Ab 1954 sollte die Fertigung der restlichen Bulldog-Typen, der Groß-Bulldogs, ebenfalls eingestellt und durch die neue Bulldog-Reihe ersetzt werden, wie das mit den Verkehrs-Bulldogs, den Allzweck-, Acker- und Plantagen-Bulldogs und dem großen Eil-Bulldog ebenfalls geschehen war. Ganz anders sah es jedoch mit den Acker-Luft-Bulldogs aus, sie erfreuten sich bei der Kundschaft solch großer Beliebtheit, daß in den Jahren 1954 und 1955 immer noch so viele Bulldogs verkauft wurden wie von den neuen Nachfolgern. Doch im Oktober kam das endgültige Aus, die letzten 82 Bulldogs der PS-Klassen 35, 45 und 55 verließen das Werk. Mit ihnen wurde eine fast dreieinhalb Jahrzehnte dauernde Tradition beendet: der Bau von Bulldogs mit dem legendären Glühkopfmotor!

Typenübersicht mit D-Nummern und PS-Angaben

soweit heute noch bekannt

Typ/PS	D-Nummer	Art und Ausführung des Bulldogs	Preise Juli 1950
			DM
HE 16 PS	D 5506	Allzweck-Bauern-Bulldog, Sechsgang, 18,8 km/h, Schwingfedersitz, Hinterrad-Kotflügel, Zapfwelle, Riemenscheibe. Bereifung: vorne 4,50 – 16, hinten 6,50 – 32	4480,–
HE 16 PS	D 5506	Plantagen-Bulldog	
		Zubehör:	
		Druckknopf-Anlasser	370,–
		Anbaugrasmäher 4½″ Normal- oder Scherenschnitt	430,–
		Hebegetriebe hydraulisch	680,–
		Dach mit oder ohne Seiten- und Rückenteil, Windschutzscheibe mit elektrischen Scheibenwischern, Riemenleitrolle, Reifenfüllanlage.	
HN 5 20 PS	D 3600	Acker-Bulldog, Dreigang, 6,9 km/h	
HN 5 20 PS	D 3506	Acker-Luft-Bulldog, Sechsgang, 18,5 km/h, Schwingfedersitz, Riemenscheibe. Bereifung: vorne 5,50 – 16, hinten 9,00 – 24	6800,–
HN 5 20 PS	D 3506	Allzweck-Bulldog, Sechsgang, 20,0 km/h, Schwingfedersitz, Hinterrad-Kotflügel, Riemenscheibe. Bereifung: vorne 5,50 – 16, hinten 8,00 – 36	6800,–
		Zubehör:	
		Zapfwelle	250,–
		Anbau-Grasmäher 5″ Normalschnitt	550,–
		Anbau-Grasmäher 5″ Scherenschnitt	580,–
		Dach	175,–
		Dach mit Seiten- und Rückenteil	310,–
		Windschutzscheibe mit elektrischem Scheibenwischer	120,–
		Riemenleitrolle	57,–
		Drückevorrichtung	24,–
		Reifenfüllanlage	260,–
		Gefederte Wagen-Anhängevorrichtung	45,–
		Druckknopfanlasser	480,–

Typenübersicht mit D-Nummern und PS-Angaben

soweit heute noch bekannt

Typ/PS	D-Nummer	Art und Ausführung des Bulldogs	Preise Juli 1950
			DM
HN 3 25 PS	D 7500	Acker-Bulldog, Dreigang, 5,9 km/h	
HN 3 25 PS	D 7506	Acker-Luft-Bulldog, Sechsgang, 15,1 km/h, Schwingfedersitz, Riemenscheibe. Bereifung: vorne 6,00 – 20, hinten 11,25 – 24	7800,–
HN 3 25 PS	D 7506	Allzweck-Bulldog, Sechsgang, 17,7 km/h, Schwingfedersitz, Riemenscheibe, Hinterradkotflügel. Bereifung: vorne 6,00 – 20, hinten 9,00 – 40	8150,–
HN 3 25 PS	D 7508	Weinberg-Bulldog	
		Zubehör:	
		Acker-Luft- und Allzweck-Bulldog	
		Zapfwelle	250,–
		Anbau-Grasmäher 5″ Normalschnitt	550,–
		Anbau-Grasmäher 5″ Scherenschnitt	580,–
		Dach	175,–
		Dach mit Seiten- und Rückenteil	310,–
		Windschutzscheibe mit elektrischem Scheibenwischer	120,–
		Riemenleitrolle	57,–
		Drückevorrichtung für starre Vorderachse	24,–
		Reifenfüllanlage	260,–
		Druckknopfstarter	480,–
		Zubehör:	
		nur Acker-Luft-Bulldog	
		Eisenräder vorne	170,–
		Eisenräder hinten	500,–
		gefederte Vorderachse	175,–
		Drückevorrichtung für gefederte Vorderachse	28,–
		Hinterrad-Kotflügel	124,–
		Zubehör:	
		nur für Allzweck-Bulldog	
		Hebegetriebe	750,–
			Nov. 1982
			DM
HR 7 35 PS	D 8500	Acker-Bulldog, Dreigang, 6,1 km/h, eisenbereift, auf Wunsch Luftbereifung	
HR 7 35 PS	D 8506	Acker-Luft-Bulldog, Sechsgang, 17,7 km/h, Schwingfedersitz, Riemenscheibe. Bereifung: vorne 7,00 – 20, hinten 12,75 – 28	10800,–
HR 8 45 PS	D 9500	Acker-Bulldog, Dreigang, 6,3 km/h; eisenbereift, auf Wunsch Luftbereifung	
HR 8 45 PS	D 9506	Acker-Luft-Bulldog, Sechsgang, 16,7 km/h, Schwingfedersitz, Riemenscheibe. Bereifung: vorne 7,00 – 20, hinten 12,75 – 28	11500,–
HR 8 55 PS	D 1500	Acker-Bulldog, Dreigang, 6,3 km/h Eisenbereift, auf Wunsch Luftbereifung	
HR 8 55 PS	D 1506	Acker-Luft-Bulldog, Sechsgang, 16,7 km/h, Schwingfedersitz, Riemenscheibe. Bereifung: vorne 7,00 – 20, hinten 12,75 – 28	
		Zubehör: 35, 45 und 55 PS	
		Zapfwelle	265,–
		Seilwinde einschließlich Zapfwelle	3320,–
		Dach	175,–
		Dach mit Seiten- und Rückenteil	320,–
		Windschutzscheibe mit elektrischem Scheibenwischer, 35 PS	120,–
		Windschutzscheibe mit elektrischem Scheibenwischer, 45 und 55 PS	132,–
		Riemenleitrolle	57,–
		Drückevorrichtung für starre Vorderachse	24,–
		Drückevorrichtung für gefederte Vorderachse	28,–
		Reifenfüllanlage	260,–
		Eisenräder vorne	200,–
		Eisenräder hinten 35 PS	575,–
		Eisenräder hinten 45 und 55 PS	625,–
		Gefederte Vorderachse	196,–
		Hinterrad-Kotflügel	132,–
		Druckknopfanlasser	650,–

Typenübersicht mit D-Nummern und PS-Angaben

soweit heute noch bekannt

Typ/PS	D-Nummer	Art und Ausführung des Bulldogs	Preise November 1952
			DM
HN 3 25 PS	D 7532	Verkehrs-Bulldog, Sechsgang, 21,7 km/h, Auspuff nach unten, Riemenscheibe, gefederte Vorderachse, Kotflügel über Vorder- und Hinterräder, Windschutzscheibe mit elektrischem Scheibenwischer Fahrtrichtungsanzeiger, gefederter Schwingfedersitz, Dach mit Seiten- und Rückenteil, gefederte Anhängevorrichtung, elektrische Anlage, Anlaßzündung.	
		Bereifung: vorne 6,00 – 20, hinten 10,00 – 28	10129,–
HR 7 35 PS	D 8532	Verkehrs-Bulldog, Sechsgang, 23,2 km/h Ausrüstung wie oben	
		Bereifung: vorne 7,00 – 20, hinten 12,75 – 28	13364,–
HR 8 45 PS	D 9532	Verkehrs-Bulldog, Sechsgang Ausrüstung wie oben	
		Bereifung: vorne 7,00 – 20, hinten 12,75 – 28	14267,–
HR 8 55 PS	D 1532	Verkehrs-Bulldog, Sechsgang Ausrüstung wie oben	
		Bereifung: vorne 7,00 – 20, hinten 12,75 – 28	
		Zubehör: 25, 35, 45 und 55 PS	
		Druckknopfanlasser 25 PS	495,–
		Druckknopfanlasser 35, 45, 55 PS	848,–
		Zapfwelle 25 PS	305,–
		Zapfwelle 35, 45, 55 PS	325,–
		Seilwinde 35, 45, 55 PS	3780,–
		Reifenfüllanlage	170,–
		Druckluftbremsanlage 35, 45, 55 PS	945,–
		Schwere Vorderradnaben 25, 35 PS	130,–
		Riemenleitrolle	68,–
		Kilometerzähler	52,–
		Sucher-Anbau	56,–
		Fernthermometer 25 PS	28,–
		Fernthermometer 35, 45, 55 PS	31,–

Typenübersicht mit D-Nummern und PS-Angaben

soweit heute noch bekannt

Typ/PS	D-Nummer	Art und Ausführung des Bulldogs	Preise Juli 1950
			DM
HR 9 55 PS	D 2531	Eil-Bulldog, Fünfgang, 30,2 km/h Windschutzscheibe.	
		Bereifung: vorne 7,00 – 20, hinten 12,00 – 20	13580,–
		vorne 7,00 – 20, hinten 12,75 – 28	13280,–
		vorne 7,00 – 20, hinten 13,00 – 20	13880,–
		vorne 7,00 – 20, hinten 14,00 – 20	14030,–
HR 9 55 PS	D 2539	Eil-Bulldog mit geschlossenem Führerhaus	
		Bereifung: vorne 7,00 – 20, hinten 13,00 – 20	15480,–
		vorne 7,00 – 20, hinten 14,00 – 20	15630,–
		Zubehör:	
		D 2531 und D 2539	
		Zapfwelle	315,–
		Seilwinde, einschl. Zapfwelle	3320,–
		Dach	190,–
		Dach mit Seiten- und Rückenteil	330,–
		Klappverdeck	560,–
		Riemenscheibe	87,–
		Druckluftbremsanlage kompl.	800,–
		Drückevorrichtung	28,–
		Anhänger-Warndreieck	42,–
		Sucher-Anbau	68,–
		Geteilter Lampenhalter	38,–

Produktion der Nachkriegs-Bulldogs
soweit noch bekannt

	1945	1946	1947	1948	1949	1950	1951	1952	1953	1954	1955	
HE						56	4831	3368				16 PS
HN 5					50	2666	2491	?				20 PS
HN 3	1	309	599	1175	3772	2182	1463	?				25 PS
HR 7				141	1053	744	591	?	?	52		35 PS
HR 8	16	41	34	28	609	1617	1472	?	?	903	422	45 PS
HR 8						153	241	?	?			55 PS
HR 9	5	28	3	125	236	39	31	28	10	3		55-PS-Eil-Bulldog
HRK	33	21										55-PS-Raupe

Neue Bulldog-Diesel-Schlepper

In den Jahren vor dem Zweiten Weltkrieg, der Zeit der Hochkonjunktur, waren Ansätze zu erkennen, daß sich im Schlepperbau der liegende, einzylindrige Glühkopfmotor wohl nicht mehr allzu lange gegenüber dem Dieselmotor halten kann. Die Voraussetzungen, die einst zum Bau des Glühkopfmotors geführt hatten, wie etwa die Treibstoffknappheit nach dem Ersten Weltkrieg und das mangelnde technische Verständnis der bäuerlichen Welt, hatten sich geändert. Deutschland verfügte über ein ansehnliches Tankstellennetz, Benzin und Diesel waren überall in ausreichender Menge zu bekommen. Zwar war der Bulldog in der bäuerlichen Welt nach wie vor noch so beliebt, daß er mit Abstand der meistgekaufte Schlepper Deutschlands und Europas war, doch etwa im Transportgewerbe konnten die Glühkopf-Bulldogs bei weitem nicht mehr mit den mit Dieselmotoren getriebenen Schleppern mithalten. Es ließ sich schon damals erahnen, daß irgendwann in den nächsten Jahren die Produktion des Bulldogs ihren Höhepunkt überschritten hatte.

Dr. Fritz Huber verschloß sich dieser Änderung nicht und begann mit der Konstruktion neuer, mehrzylindriger Motoren. Motoren, welche die Vorzüge der Glühkopfmotoren weitgehend beibehielten. So die einfache Bauweise und zuverlässige Betriebsdauer bei größter Kraftstoffgleichgültigkeit, dazu die Vorteile des Dieselmotors, wie geringerer Kraftstoffverbrauch und das ruhigere Laufen des stehenden und mehrzylindrigen Motors.

Es wäre jedoch falsch anzunehmen, daß dies die ersten Versuche in dieser Richtung waren.

Schon 1927 baute Lanz einen HA-Glühkopfmotor des Felddank-Schleppers in einen schweren Lastwagen ein, um entsprechende Erfahrungen sammeln zu können. Der damals im eigenen Werksverkehr eingesetzte LKW war zunächst mit „Auspuff nach unten" ausgerüstet, neigte aber zu starker Rauchentwicklung, was durch den Einbau eines „Auspuff nach oben" gemindert werden konnte. Nachteilig auf ein elastisches Fahren wirkten sich auch die großen Schwungmassen des mit 650 U/min recht langsam laufenden Motors aus, besaß der Originalmotor doch die doppelte Drehzahl.

Die niedrige Drehzahl machte dazu den Einbau eines stark dimensionierten Zwischengetriebes

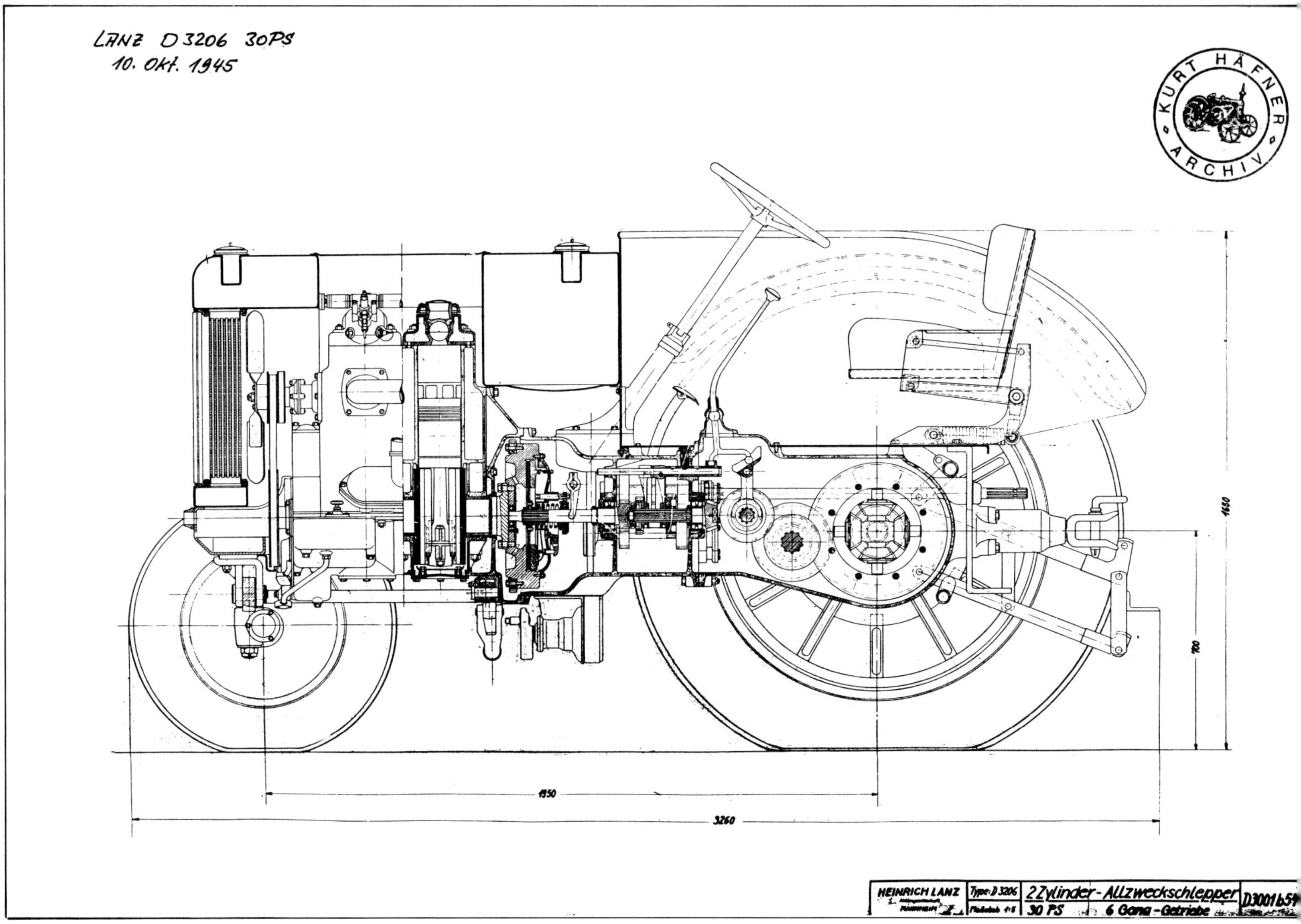

So sollte er aussehen, der neue 30 PS starke Allzweck-Schlepper D 3206 mit Zweizylinder-Reihen-Glühkopfmotor.

notwendig, um zum einen die Fahrgeschwindigkeiten beibehalten zu können, zum anderen, um das große Drehmoment des Motors aufzunehmen. Als herausragender Vorteil zeigte sich damals, daß der 38-PS-Motor durchaus mit der Leistung eines 70 bis 80 PS starken Viertaktmotors vergleichbar war.
Wie aus dem Buch „Lanz Band 1" zu erfahren ist, gestaltete sich jedoch die Abstimmung des Pumpenhubs der Einspritzpumpen beim Leerlauf als besonders schwierig, was meist ein Stehenbleiben des Motors zur Folge hatte.
Bis zum Jahre 1937 fertigte man damals weitere fünf HA-Versuchsmotoren an, bei denen die Regelung so perfekt arbeitete, daß auch ein Betreiben des Motors im untersten Leistungsbereich und im Leerlauf zuverlässig möglich war.
Ab dem Jahre 1934 befaßte man sich mit der Entwicklung des „Lanz-Diesel-Brennraumes", ein Brennraum, der auf mehrzylindrige Dieselmotoren fremder Fabrikate übertragen werden konnte, um diesen Motoren die Verarbeitung der verschiedensten Treibstoffe zu ermöglichen.
Als die Entwicklungsarbeiten im September 1934 zum Abschluß gebracht werden konnten, wurde zunächst ein Vierzylinder-Dieselmotor der Firma Mercedes-Benz umgerüstet. Starkes Interesse fanden daneben die in Backnang gefertigten Kaelble-Motoren, die ebenfalls mit den Lanz-Diesel-Brennräumen ausgerüstet wurden.
Schließlich wurden noch Versuche mit Motoren der Firmen MAN, Ford und Kämper unternommen, wobei jeweils Vierzylinder-Motoren ausgewählt wurden.
Ab 1935 wurde mit dem Entwurf und der Ausführung von zwei „LS-Schleppern" begonnen. Zwei Versuchsschlepper, welche so konstruiert waren, daß eben diese Fremdmotoren wie auch Eigenprodukte ohne große Änderungen eingebaut werden konnten. Selbst das Getriebe hatte man so gestaltet, daß durch Austauschen einzelner Zahnräder die Endgeschwindigkeit der Schlep-

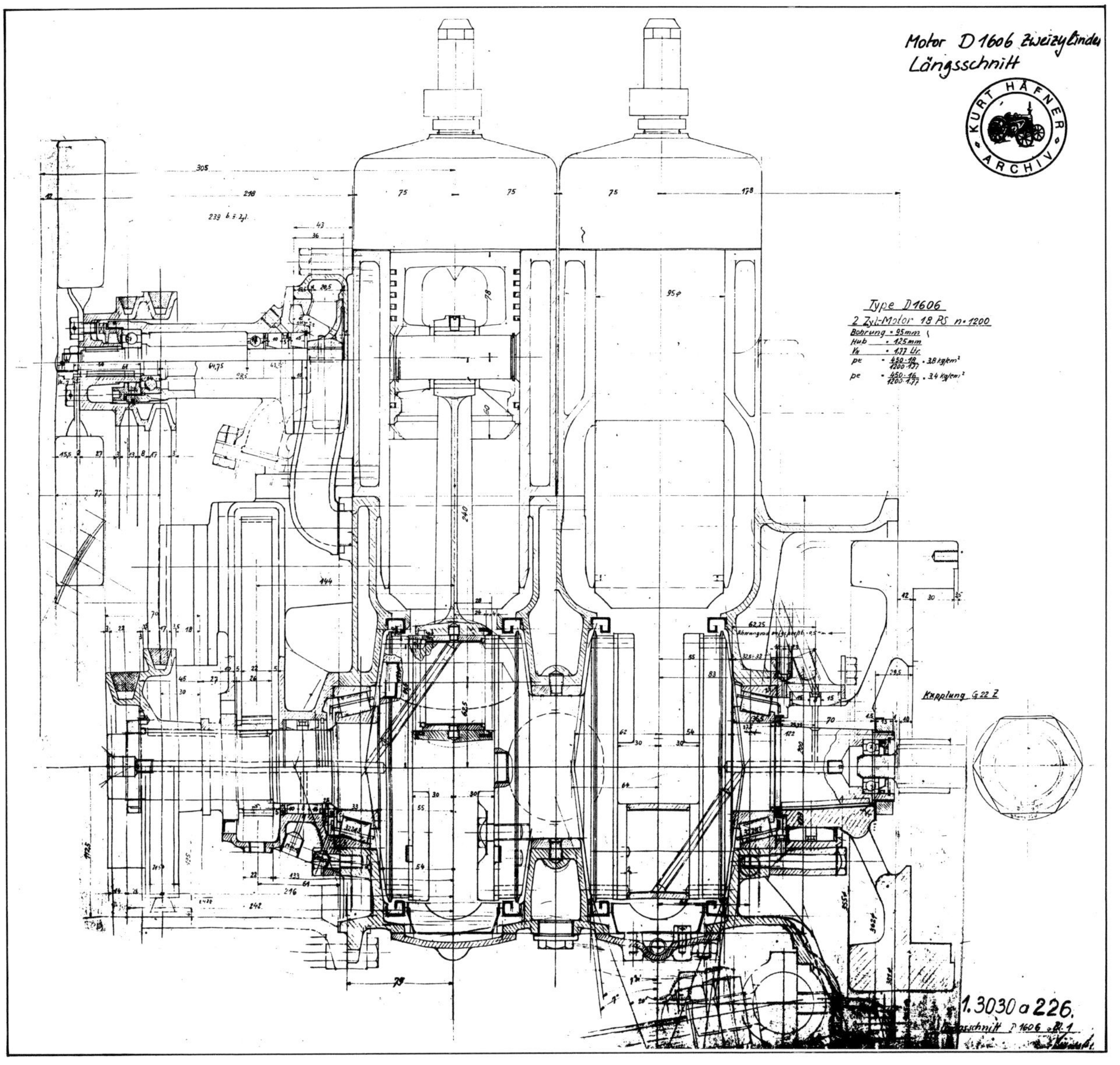

Mit diesem 18 PS starken Zweizylindermotor wurden zunächst die verschiedenen Spülsysteme untersucht. Er war für den Schlepper D 1606 vorgesehen.

per nahezu unverändert war, egal welche Drehzahl der gerade eingebaute Motor hatte.
Nach deren Fertigstellung wurde zunächst der Kaelble-Motor mit 70 PS Leistung bei 1600 U/min in einen dieser Schlepper eingebaut. Er hatte mit den Lanz-Diesel-Brennräumen die besten Ergebnisse auf dem Prüfstand geliefert. Nach dem Einbau konnten die Fahreigenschaften des Motors genauer untersucht werden.
Bis Juli 1938 waren diese Untersuchungen abgeschlossen, es kam einer der verbesserten HA-Motoren im LS-Schlepper zum Einbau. Das Getriebe wurde mit andersgezähnten Zahnrädern bestückt, um gleiche Bedingungen zu schaffen. Nach den ersten Versuchen stellte man jedoch schnell fest, daß die Kühlwirkung des Versuchs-Schleppers zu gering war, der vorhandene wurde durch einen Felddank Kühler ausgetauscht. Ebenso hielt die eingebaute Einplatten-Kupplung dem großen Drehmoment des HA-Motors nicht stand. Sie mußte durch die stabilere Zweiplatten-Kupplung ersetzt werden, was für die bevorstehenden Versuche zunächst auch ausreichend war, jedoch für einen Dauerbetrieb infolge zu großer Abnützung ebenfalls nicht ausreichen würde.
Dieser Schlepper mit HA-Motor war etwa ein halbes Jahr im Betrieb, als bei einem Verkehrsunfall der Motor mit dem Steuerkasten so stark beschädigt wurde, daß eine Fortsetzung der Untersuchungen nicht mehr möglich war. Der LS-Schlepper wurde nach der Reparatur zusammen mit dem zweiten Schlepper für Holzgas-Versuche verwendet.

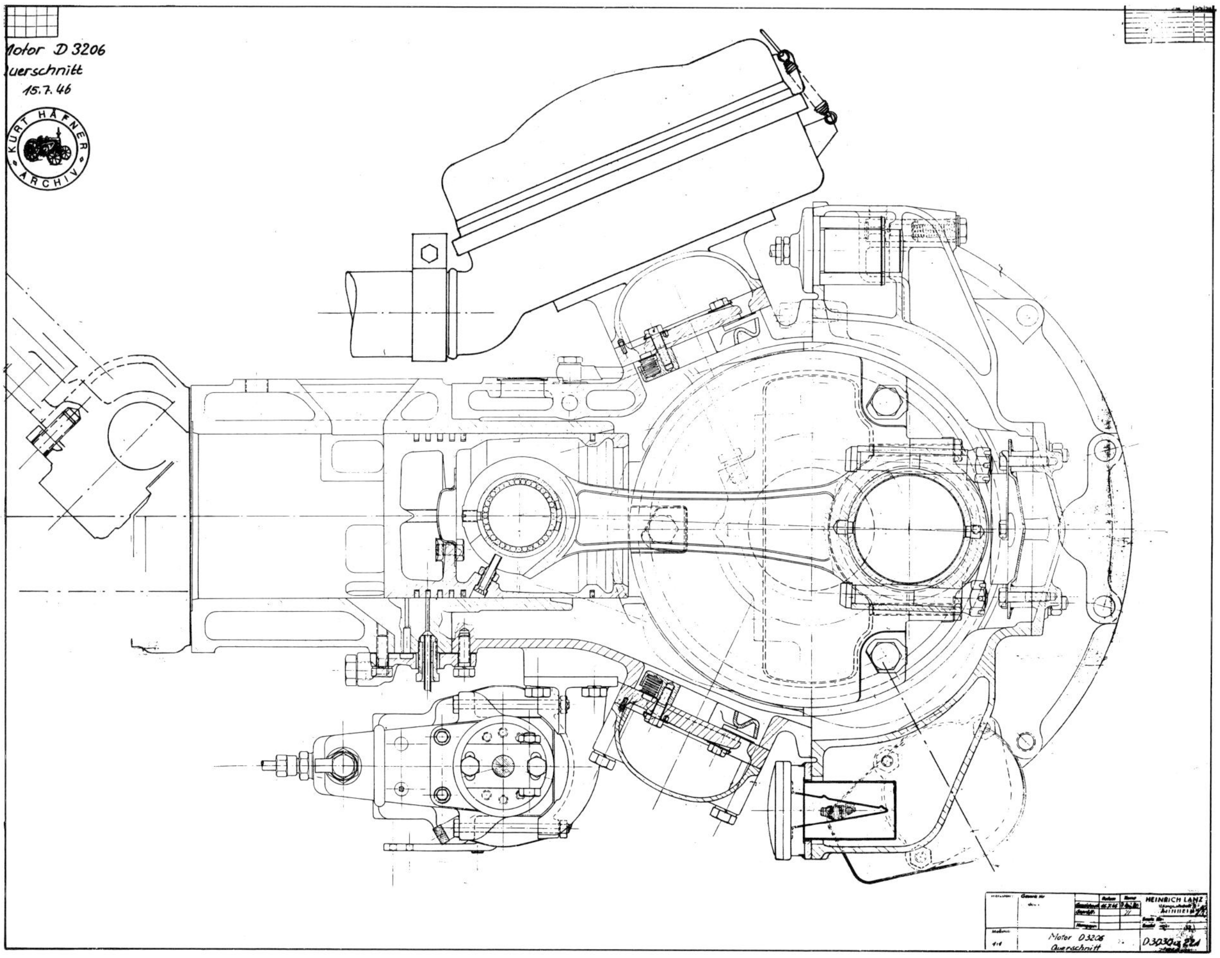

Hier sieht man Details des 30 PS starken Zweizylinder-Motors, der für den Schlepper D 3206 vorgesehen war.

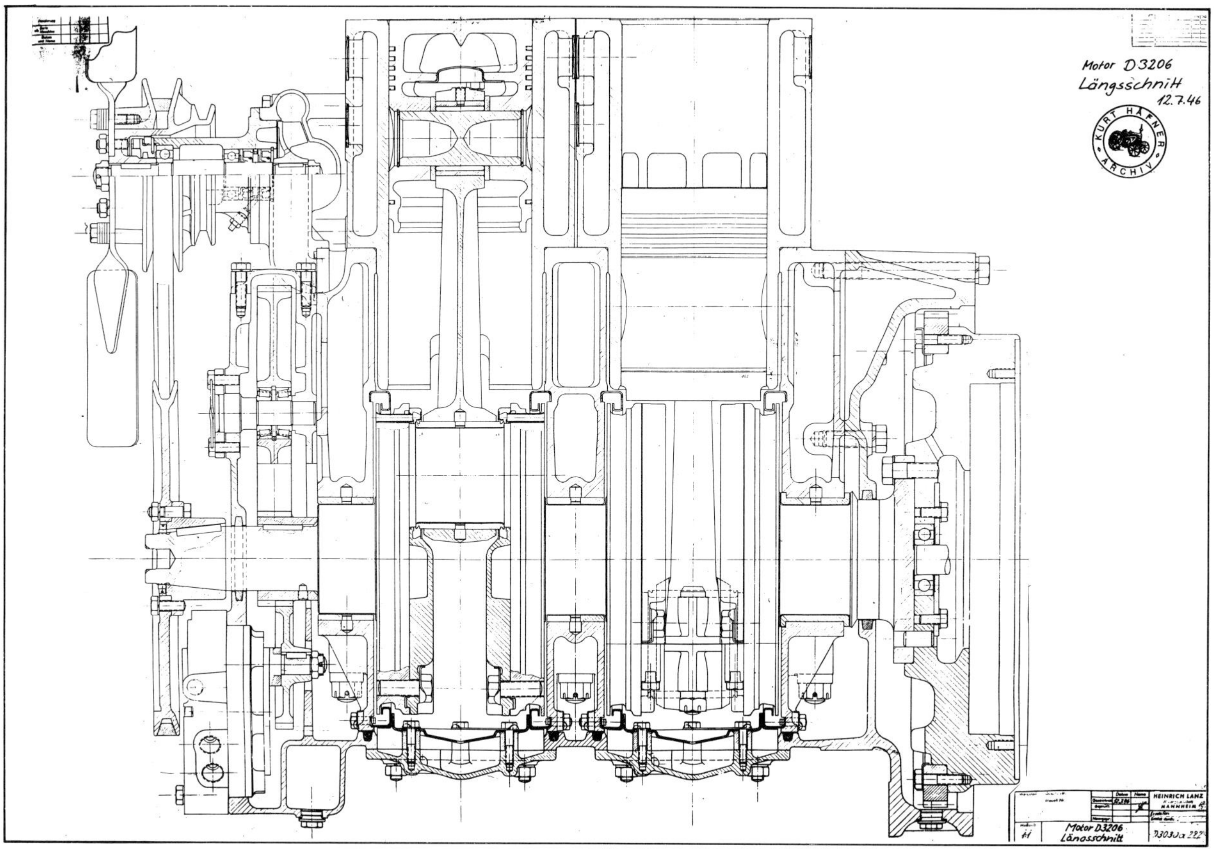

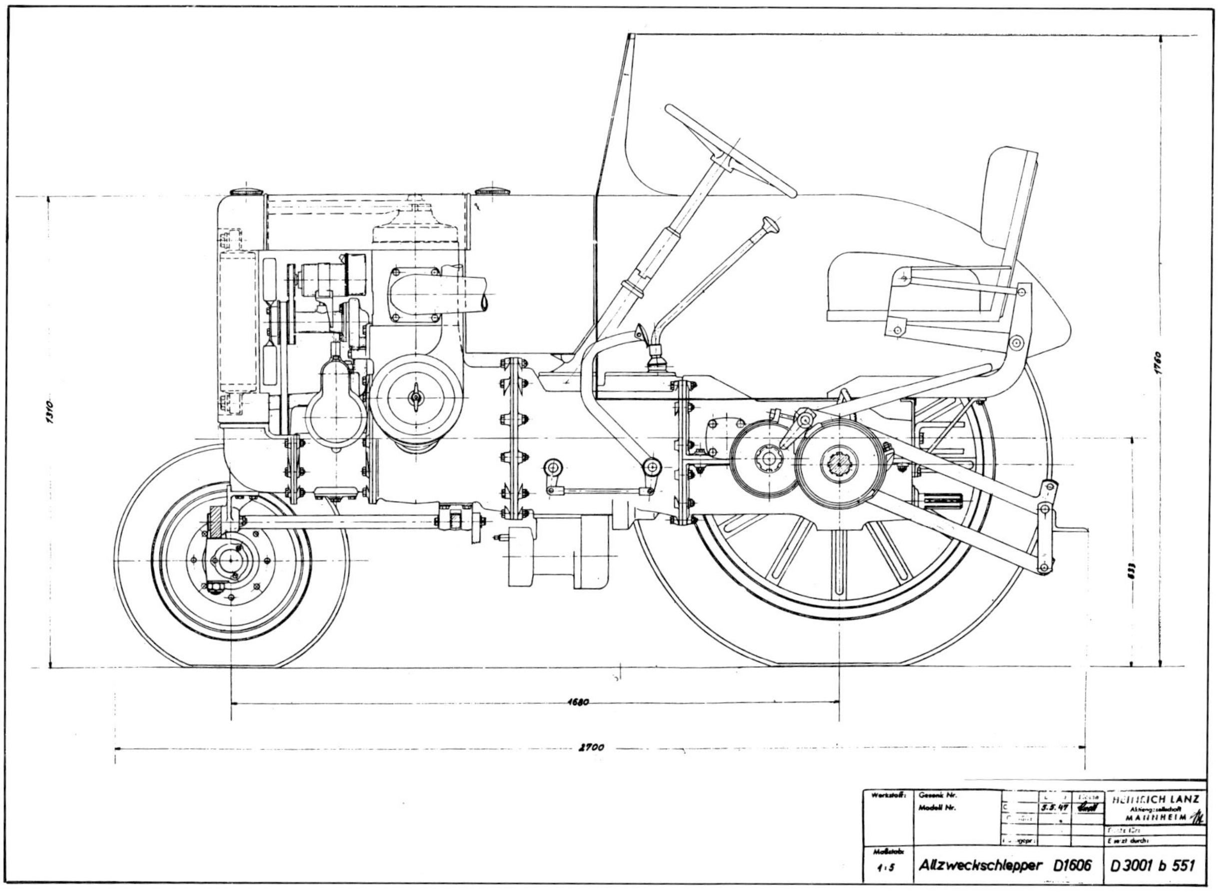

So präsentiert sich der 18-PS-Allzweck-Schlepper D 1606 mit Einzylinder-Motor.

Die Versuche mit Fremdmotoren und Lanz-Diesel-Brennräumen hatte man im Laufe des Jahres 1938 eingestellt, denn sie wiesen trotz zuverlässiger Funktion einen höheren Treibstoffverbrauch gegenüber den Diesel-Brennräumen auf.
Diese Ergebnisse veranlaßten Dr. F. Huber, eine eigene, komplette Motoren-Reihe für den reinen Schlepperbetrieb zu entwickeln, eben jene Motoren, die eingangs erwähnt wurden.
Mit den Entwürfen wurde bereits 1938 begonnen. Am Anfang stand ein stehender Zweizylinder-Zweitaktmotor für drei verschiedene Spülsysteme, die zunächst getestet wurden: Umkehrspülung, Querspülung mit Nasenkolben und Querspülung mit Flachkolben.
Bei diesem Motor, der eine Leistung von 18 PS abgab, waren Regler und Pumpe bereits zu einer geschlossenen Baugruppe zusammengefaßt. Starter, Lichtmaschine und Luftmesser fügten sich harmonisch am Motorblock an und bildeten zusammen ein komplettes Ganzes, nach dem Vorbild der Vierzylinder-Reihenmotoren.
Ebenfalls 18 PS leistete ein weiterer Motor, der nach den gleichen Konstruktionsmerkmalen gebaut wurde, aber seine Leistung aus einem Zylinder schöpfen mußte.
Es ging darum, beide Motoren gegeneinander zu testen, zu kalkulieren, und nach Abwägung der Vorteile den besseren davon zu bauen. Als weiterer kam ein Zweizylinder-Motor mit 32 PS Leistung in die Auswahl. Der dritte und stärkste Motor war mit einer Leistung von 60 PS geplant, die aus drei Zylindern geschöpft werden sollte. Er wurde aber zunächst zurückgestellt.
Bei den Motoren handelte es sich um Neukonstruktionen, doch bei etwas näherer Betrachtung der uns heute noch erhaltenen Zeichnungen muß man schnell erkennen, daß sie im selben Hause konstruiert wurden wie der liegende, einzylindrige und langsamlaufende Glühkopfmotor, denn eine Verwandtschaft ist unübersehbar.
Es war zunächst die Arbeitsweise als Zweitaktmotor mit Schlitzsteuerung und Kurbelgehäuseaufladung, beim Mehrzylindermotor selbstverständlich mit getrennten Kurbelkammern. Zur Verbesserung war zumindest beim Zweizylindermotor ein Ladeluftgebläse vorgesehen, das später auch für den Dreizylindermotor Verwendung ge-

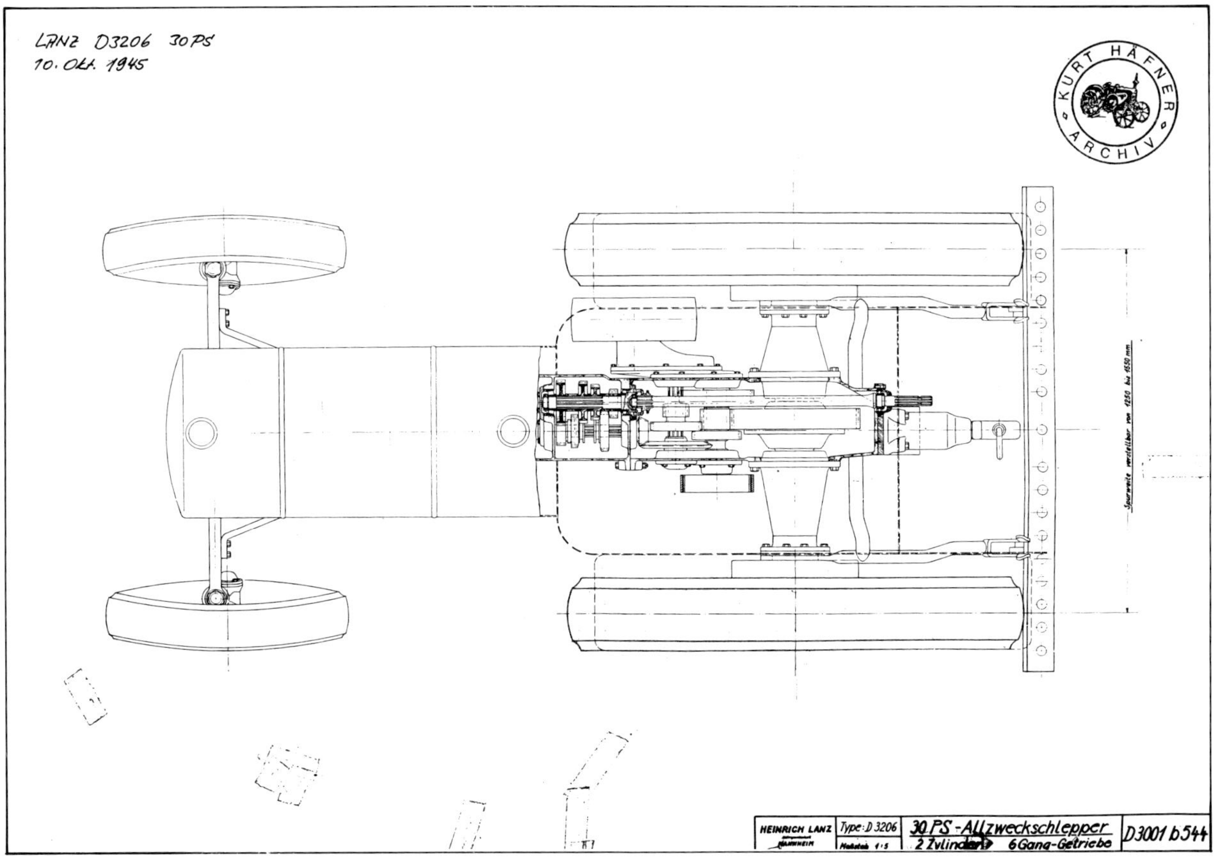

Diese Zeichnung vermittelt die Draufsicht des Allzweck-Schleppers D 3206.

Zur Ausrüstung des D 3206 zählte schon damals eine hydraulische Ausrüstung, die jedoch im Gegensatz zu heute noch mit vier Aufhängepunkten versehen war.

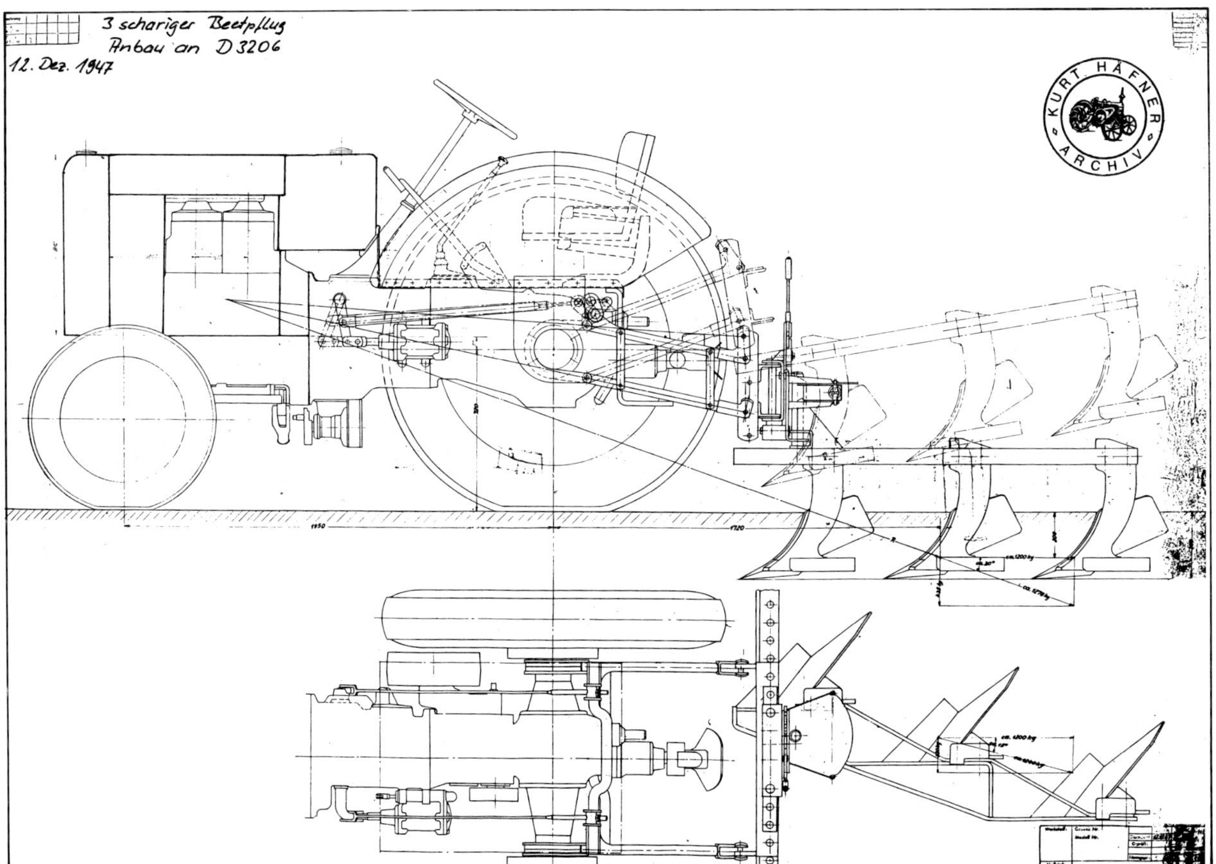

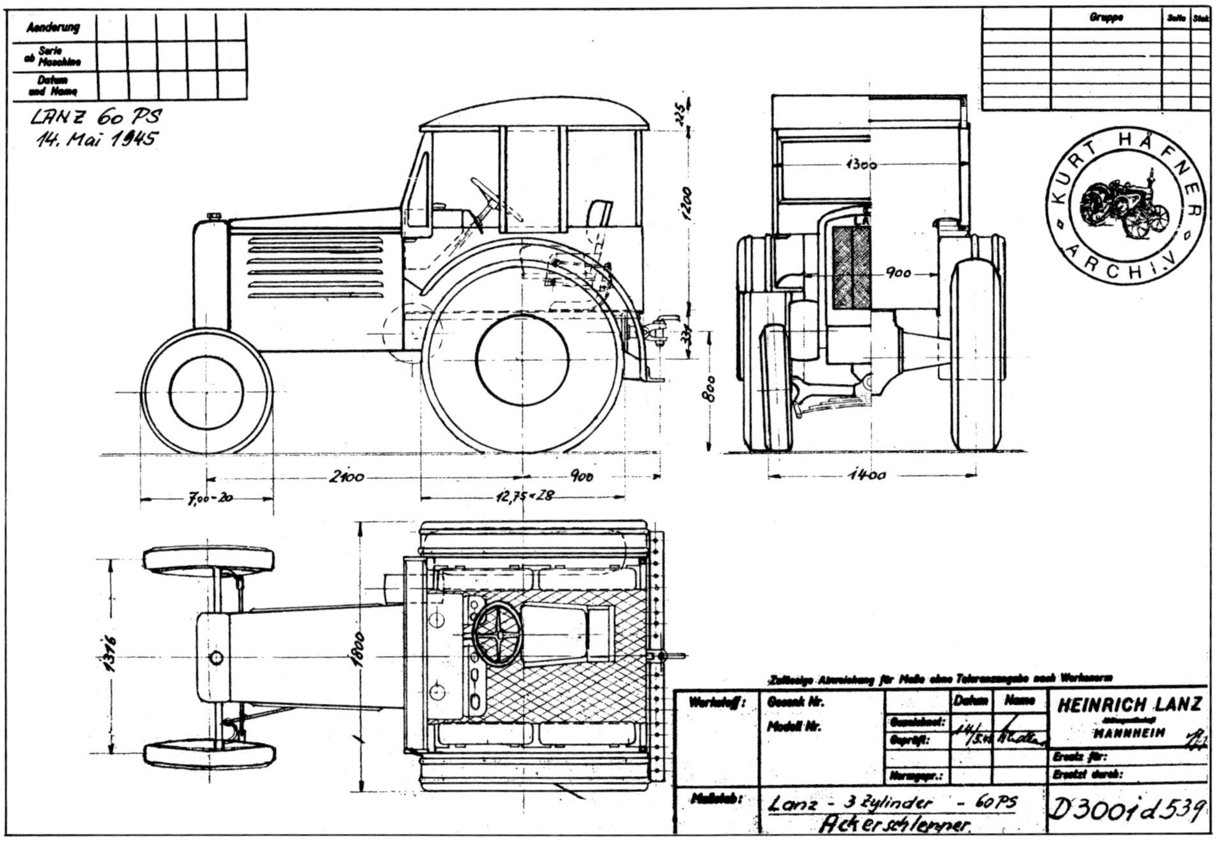

Dieser Ackerschlepper sollte mit einem stehenden Dreizylinder-Reihen-Motor mit 60 PS ausgerüstet werden. Er wäre damit der stärkste der damals im Hause Lanz gebauten Schlepper gewesen.

funden hätte, wäre er gebaut worden. Auch die Schmierung war nach alter, bewährter Art: Ein Bosch-Öler, angetrieben durch Zahnräder von der Kurbelwelle aus, saugte Frischöl aus einem Ölvorratsbehälter und pumpte es über Leitungen und Bohrungen an die jeweiligen Schmierstellen, wie etwa das Pleuellager, die Kurbelwellenlager, die Zylinderlaufbahnen und Kolbenbolzen. Dabei waren die Innenräume der Kurbelgehäuse so gearbeitet, daß das durch die Schmierstellen gepumpte Öl im tiefsten Teil des Kurbelgehäuses unter dem jeweiligen Zylinder zusammenlaufen konnte, wo es von einer zweiten Pumpe abgepumpt und nach einer gründlichen Filterung erneut in den Ölkreislauf gelangte. Selbst das Vorpumpen von Frischöl nach längerem Stillstand des Motors war dasselbe geblieben. Mit einer Kurbel, die auf eine am oberen Ende des Bosch-Ölers herausragende Welle gesteckt wurde, konnte durch Drehen vor der Inbetriebnahme des Motors Öl an die einzelnen Lagerstellen gefördert werden.

Der Brennraum im Zylinderkopf besaß eine kugelige Form, wobei die obere Hälfte als abnehmbares Teil ausgebildet war. Dies erfüllte gleichzeitig die Funktion einer Glühplatte und konnte durch Lösen weniger Schrauben zur Reinigung abgenommen werden. Allerdings, und dies mag jedem Lanz-Glühkopf-Verehrer abtrünnig erscheinen, waren die Brennräume mit Glühkerzen ausgestattet und die Motoren mit elektrischen Anlassern versehen, was eine Inbetriebnahme wie beim Dieselmotor vom Fahrersitz aus gestattete. Das Vorheizen mit der Lötlampe und das Anwerfen mit dem Lenkrad war hier nicht mehr möglich. Auch der mit Doppelkegel ausgestattete und nach oben gerichtete Lanz-typische Auspuff kam bei diesen Motoren nicht mehr zum Einbau, denn die neuen Auspuffrohre waren im Querschnitt kleiner und wurden nach unten geführt.

Überhaupt wurde alles kleiner und kompakter. So verfügte der 18-PS-Zweizylindermotor über einen Bohrungsdurchmesser von „nur" 95 mm, bei einem Hub von 125 mm ergab dies einen Hubraum von 1,77 Litern, beide Zylinder zusammen gerechnet. Die Leistung wurde aus der gesteigerten Drehzahl gewonnen, sie wurde hier auf 1200 U/min hochgesetzt. Man vergleiche dazu den 20-PS-Glühkopf-Bulldog mit der Drehzahl von 750 U/min.

Schon aus diesen wenigen Angaben läßt sich erkennen, daß es sich bei der neuen Lanz-Glüh-

kopf-Motorenreihe damals um durchaus moderne und der Zeit entsprechende Motoren gehandelt hatte.
Wie weit nun diese einzelnen Entwicklungen bis zum Kriegsbeginn fortgeschritten waren, konnte leider nicht mehr konkret festgestellt werden, da die Konstrukteure inzwischen alle verstorben sind. Fest steht aber, daß mit Kriegsbeginn alle in diese Richtung gehenden Entwicklungen und Versuche eingestellt werden mußten. Erstaunlicherweise wurden diese Arbeiten sofort nach dem Krieg im Jahre 1945 wieder aufgenommen, nachdem die Fabrik wieder so weit aufgebaut war, daß einigermaßen gearbeitet werden konnte. Die beiden Zweizylinder- und der Einzylindermotor wurden gebaut und liefen in der Versuchswerkstatt, der Dreizylindermotor jedoch wurde wiederum zurückgestellt. Parallel dazu begann man mit der Konstruktion von Schleppern, in welche die Motoren eingebaut werden sollten. Auch bei diesen Schleppern fanden sich viele Bulldogteile und Konstruktionsmerkmale wieder, wie etwa die bewährte Blockbauweise mit den einzelnen Rumpfteilen: Vorderachsträger, Zwischenflansch, Kurbelgehäuse, Kupplungsgehäuse, Getriebegehäuse und Hinterachsgehäuse.
Der Kühler als das vorderste Bauteil war als separate Baugruppe mit Ober- und Unterteil ausgebildet. Die eigentliche Kühlfläche bildeten auswechselbare Einzel-Kühlelemente, wie sie beim Bulldog üblich waren. Der Wasseraustausch zum Motor erfolgte über Kühlwasserschläuche, die Umwälzung besorgte eine Wasserpumpe. Direkt hinter dem Kühler war der Windflügel angeordnet, dessen Lagerflansch am Motorgehäuse angeflanscht war. Darüber fand die Lichtmaschine ihren Platz. Die Halterung dafür wurde am Lüfterbock befestigt. Der Antrieb beider Aggregate wurde von zwei Keilriemen übernommen, einmal von der Kurbelwelle zum Lüfterrad, und von hier über eine zweite Keilriemenscheibe zur Lichtmaschine.
Der Motor war stehend eingebaut, die Kurbelwelle längsseitig in Fahrtrichtung, dahinter war das Kupplungsgehäuse angeflanscht. Über dem Kupplungsgehäuse, den Zwischenraum zwischen den Zylindern und dem Fahrraum füllend, war der Tank untergebracht. Der Motor wurde auf der Oberseite von einer abnehmbaren Blechhaube abgedeckt, die vom Kühleroberteil bis zum Tank, beim großen Schlepper sogar über den Tank hinweg bis zum Fahrraum reichte. Seitlich war der Motorraum bei den kleinen Schleppern offen, beim großen Schlepper wurde er durch Bleche abgedeckt.
Das Kupplungsgehäuse barg in der vorderen Hälfte die als Scheibenkupplung ausgebildete Kupplung, deren Bedienung über Fußpedal und Gestänge erfolgte. In dem sich verjüngenden hinteren Teil des Kupplungsgehäuses kam der erste Teil des zweiteiligen Getriebes zum Einbau. Das Getriebe war als Schieberad-Getriebe ausgebildet, das Schalten der einzelnen Übersetzungen konnte mit nur einem Schalthebel erfolgen. Bei dem im Kupplungsgehäuse untergebrachten Getriebeteil waren die Getriebewellen ebenfalls in Längsrichtung zur Fahrtrichtung gelagert, genau wie die Kurbelwelle. Am Ende der letzten, der abgehenden Getriebewelle wurde der Kraftschluß über ein Winkelgetriebe in das eigentliche Getriebegehäuse weitergeleitet. In diesem Gehäuse waren die weiteren Getriebewellen nach Bulldog-Art quer zur Fahrtrichtung gelagert. Auch in diesem Teil des Getriebes waren Schieberäder untergebracht. Über Zwischenräder erfolgte der Kraftschluß schließlich zum Differentialgetriebe, von hier über Steckwellen zu den Hinterrädern.
Es gab damals zwei verschiedene Ausführungen des Getriebegehäuses, einmal die sogenannte runde Ausführung mit seitlicher, extern angeordneter Zapfwelle, wie man sie vom Bulldog her kennt. Dann die eckige Ausführung, auf deren Unterseite der Zapfwellentrieb fest eingebaut und nur der Zapfwellenstummel auf der Rückseite zu sehen war. Vergleichbar mit dem Getriebe des 15-PS-Bauern-Bulldogs.
Die Oberseite des Getriebes war durch eine großflächige Riffelblechplatte abgedeckt, die gleichzeitig den Boden des Fahrraums bildete. Auf der Rückseite des Getriebegehäuses war das Anhängemaul montiert, beim 16-PS-Schlepper ein einfaches, aus einem Flachstahl zum „U" gebogenes Fangmaul, beim 30-PS-Schlepper war das vom Bulldog her bekannte gefederte Anhängemaul vorgesehen.
Die Ackerschiene war an einer Parallelogramm-Konstruktion befestigt, das Heben und Senken erfolgte hydraulisch. Der Fahrraum glich weitgehend dem des Bulldogs. Er wurde rechts und links durch die beim Bulldog verwendeten Seitenbleche abgetrennt. Für diese Schlepper-Reihe wurde ein neuer, gepolsterter und gefederter Sitz entwickelt, der ab Ende 1949 bei den Bulldogs verwendet wurde. Auch die geteilte Lenksäule

fand Verwendung, war aber nicht mehr zum Herausziehen gedacht. Ebenso wurde bei der Montage einer Frontscheibe auf die des Bulldogs zurückgegriffen. Anders sollte dies jedoch beim großen Schlepper gelöst werden, es sollte eine neue Frontscheibe konstruiert werden. Auch der Aufbau einer nach drei Seiten geschlossenen Kabine war möglich. Der Einstieg erfolgte von hinten, denn bei all diesen neu konstruierten Schleppern war der Fahrerplatz – wie beim Bulldog – auf die rechte Seite gerückt worden. Die Handbremse war ebenfalls wie beim Bulldog angeordnet, sie wirkte als Außenbandbremse und auf das Getriebe. Auch die Fußbremse wirkte als Außenbandbremse, jedoch auf die Hinterräder. Auch Vorderachse, Vorderachsstütze und das Lenkgestänge wurden vom Bulldog verwendet.
In den Zeichnungen ist der 18-PS-Schlepper jeweils mit einem Einzylindermotor ausgerüstet, die Bestellnummer, identisch mit der Typenbezeichnung, lautete D 1606. Der Schlepper war als Allzweck-Schlepper konzipiert und deshalb mit den Speichenrädern des Allzweck-Bulldogs ausgerüstet. Auch der größere, 30 PS starke Schlepper mit dem Zweizylindermotor war ein Allzweck-Schlepper mit großer Bereifung und Speichenfelgen. Bei ihm lautete die Typenbezeichnung D 3206. Nur der große, mit dem 60 PS starken Dreizylindermotor ausgerüstete Schlepper war als Ackerschlepper geplant. Er sollte mit schweren Stahlfelgenrädern und der Bereifung 12.75-28 hinten sowie 7.00-20 vorne ausgerüstet werden. Insgesamt war er etwas länger und breiter als der 55 PS starke Acker-Luft-Bulldog. Zu seiner Ausrüstung zählte die vom Bulldog entnommene, gefederte Gabelvorderachse, eine Riemenscheibe auf der rechten Schlepperseite und große runde Kotflügel über den Hinterrädern.

Bis etwa zur Hälfte des Jahres 1947 hatte man damals die Konstruktionsarbeiten und die Motorenversuche in der Versuchsabteilung weitergeführt, dann wurden sie abgebrochen. Grund dafür waren die Auswirkungen des Morgenthau-Planes, der 1945 in der Besatzungszeit ausgearbeitet worden war und vorsah, Deutschland in ein Agrarland umzuwandeln. Doch schlagen wir dazu in einem Lexikon nach, was unter Morgenthau zu lesen steht:
„Morgenthau, Henry jr., 1891–1967. Amerikan. Finanzpolitiker, 1934 bis 1945 Finanzminister und Mitarbeiter Roosevelts. Er schuf Weltwährungsplan und Weltwährungsbank, ebenso den Morgenthau-Plan. Der Morgenthau-Plan wurde von Roosevelt und Churchill auf der Konferenz in Quebec 1944 unterzeichnet. Dieser Plan sah die Ent-Industrialisierung Deutschlands, seine Umwandlung in ein Agrarland und Zwangsarbeit der Deutschen im Ausland vor.“

Nach der Unterzeichnung dieses Plans hatte man damals in Deutschland ganze Industrie-Anlagen demontiert und ins Ausland geschafft. Die Firma Lanz wurde glücklicherweise von einer Demontage verschont, doch die neuentwickelten Motoren und die auf dem Papier fertigen Schlepper hatte man 1947 mitsamt den dafür erhaltenen Patenten nach Kanada verkauft. Dies geschah unter dem damaligen Firmenleiter Dr. Ludolf Schenkow und wurde zunächst auch als gut befunden, denn ein Agrarstaat brauchte nach damaliger Meinung robuste und zuverlässige Schlepper, eben wieder den unverwüstlichen Bulldog mit Glühkopfmotor.
Für die Firma Lanz war es damals sehr vorteilhaft, der amerikanischen Besatzungszone anzugehören, denn die Amerikaner förderten den Wiederaufbau der Industrie zur Herstellung landwirtschaftlicher Maschinen, um die Ernährung der Bevölkerung sicherzustellen. Lanz durfte ab Sommer 1945 wieder produzieren. Natürlich brachte dies mit sich, daß viele Firmen landwirtschaftliche Maschinen, vor allem Traktoren bauten, um ebenfalls eine schnelle Produktionserlaubnis zu erhalten. Deshalb waren erste Konkurrenzkämpfe unter den einzelnen Firmen zu befürchten. Noch im Jahr 1947 kam dann für Lanz das böse Erwachen, denn fast alle deutschen Hersteller von Schleppern griffen auf den sparsamen Dieselmotor zurück, und Lanz hatte seine Neuheiten samt Patenten kurz zuvor verkauft. Nicht einmal der Nachbau war gestattet. Aus dieser Situation heraus erinnerte man sich an den einst so vielversprechenden 15-PS-Bauern-Bulldog, mit dem die Firma Lanz zu den ersten Schlepper-Produzenten der Weltrangliste hätte aufrücken können, wäre nicht der Krieg dazwischengekommen. Man glaubte, hier anknüpfen zu können und brachte diesen Bulldog im Laufe des Jahres 1950 in überarbeiteter Form als 16-PS-Glühkopf-Bulldog auf den Markt, zu einer Zeit, in der der liegende, einzylindrige Glühkopfmotor wirklich nicht mehr gefragt war. Doch es war einfach notwendig, die Zeit bis zur Serien-

reife einer modernen Entwicklung zu überbrükken.
Wie ich mir sagen ließ, wurden weder die neuentwickelten Glühkopf-Motoren noch die Schlepper jemals in Kanada gebaut.

Der Bulldog, der in der Not konstruiert wurde

Mit Sicherheit hätte es den 16-PS-Allzweck-Bauern-Bulldog nie gegeben, wäre Lanz nicht direkt nach dem Krieg von einer kommunistisch orientierten Firmenleitung geführt worden. Daß dieser neue 16-PS-Bulldog mit seinem liegenden Einzylinder-Glühkopfmotor im Erscheinungsjahr 1950 als Neukonstruktion nicht mehr zeitgemäß war, darf wohl an dieser Stelle gesagt werden. Mehr noch: Durch den Verkauf der modernen, mehrzylindrigen stehenden Glühkopfmotoren und den zeitgemäßen, dem Bulldog überlegenen Schlepperkonstruktionen war dieser Firma der Anschluß an den Stand der Technik genommen worden. Sicher hätte das Inkrafttreten des Morgenthau-Planes die Weichen für dieses Unternehmen günstiger gestellt, doch nicht auszudenken, welcher Zukunft wir Deutschen entgegengegangen wären. Viele unserer älteren Mitbürger werden sich noch gut an die Zeit direkt nach dem Kriege erinnern, als damit begonnen wurde, ganze Industrie-Anlagen zu demontieren und ins Ausland zu verfrachten. Eine böse Zeit, die dann aber schnell gestoppt wurde.
Lanz war damals einer Demontage entgangen, doch wenn man Bilder von dem zerstörten Werk betrachtet oder Menschen erzählen hört, so stellt sich die Frage: Was hätte man hier noch demontieren sollen? Die Fabrik war zerstört, Rohstoffe waren knapp oder gar nicht vorhanden, aber mit diesen Schwierigkeiten hatten andere Unternehmen ebenfalls zu kämpfen. Und wie andere Unternehmen, hatte auch Lanz als größter europäischer Schlepperbauer diese Schwierigkeiten überwunden. Doch dazu verurteilt zu werden, technisch überholte Produkte fertigen und verkaufen zu müssen, hat – über Jahre gesehen – unausweichlich die Abwanderung der Kundschaft zur Folge. Dazu kam, daß viele Bauern aus dem Krieg zurückkamen, in dem sie Gelegenheit hatten, die moderne Technik der stehenden mehrzylindrigen und ruhiger laufenden Dieselmotoren kennenzulernen, weshalb sie den von ihren Vätern so geschätzten Lanz-Glühkopfmotor nicht mehr wollten.
Eine neue Zeit war angebrochen, ebenso stand eine neue Generation mit neuen Ideen und kriti-

So präsentiert sich der neue 16-PS-Bulldog mit Seitenglühkopf . . .

... und so sieht er aus mit „Auspuff nach unten“. Quelle: Walter Dittler

scheren Vorstellungen den Produzenten als Kunden gegenüber.
Trotzdem waren der Name Lanz und das Vertrauen in die Produkte dieser Firma noch so gut, daß vom 16-PS-Bulldog von 1950 bis Ende 1952 8255 Stück verkauft werden konnten.

Technisches und Konstruktives über den 16-PS-Allzweck-Bauern-Bulldog

Bei der Entwicklung des 16-PS-Allzweck-Bauern-Bulldogs stand, wie beim Vorgänger, ebenfalls nicht die Zugmaschine im Vordergrund, sondern eine universell einsetzbare Kraftmaschine, an die man die verschiedensten Anbau- und Zapfwellengeräte montieren konnte. Dabei hatte man nicht nur an die Bulldog-Rückseite gedacht, wie dies noch beim 15 PS starken Vorgänger der Fall war, nein, der Bulldog war so aufgebaut, daß auch Anbaugeräte zwischen den Achsen – auf der Unterseite des Bulldogs – montiert werden konnten. Die schmale Bauweise des Bulldog-Vorderteils wurde dabei bewußt gewählt, um dem Fahrer eine größtmögliche Übersicht über diese Geräte zu ermöglichen. Die Anordnung des Motors, des Kraftstofftanks wie auch des Kühlers wurde im wesentlichen beibehalten, doch entscheidend war der Einbau des neu konstruierten Vorderachsträgers und der darauf aufgesetzten Blechverkleidung, die gleichzeitig den Werkzeugkasten mit Platz für die Lötlampe, den Schmieröltank und den Batteriekasten enthielt. Dieser Aufbau gab dem Bulldog zweifellos ein modernes, zeitgemäßes Aussehen und vermittelte den Eindruck einer kraftvollen Zugmaschine.
Daß der Bulldog noch mit einem Glühkopfmotor ausgerüstet war, ließ sich auf den ersten Blick gar nicht erkennen, denn der Zylinderkopf mit Zündsack war im Vorderachsträger unterge-

Auch mit einem Allwetterverdeck konnte der Bulldog geliefert werden.

Der 16-PS-Allzweck-Bauern-Bulldog mit dreireihigem Anbau-Hackgerät der Firma Rossknecht in Arbeitsstellung . . .

. . . und in Transportstellung

. . . mit dreireihigem Pflanz-Loch-Gerät derselben Firma in Arbeitsstellung . . .

... und in Transportstellung ...

... mit hydraulischem Kraftheber und zweischarigem Anbau-Wechselpflug der Firma Ventzki in Arbeitsstellung ...

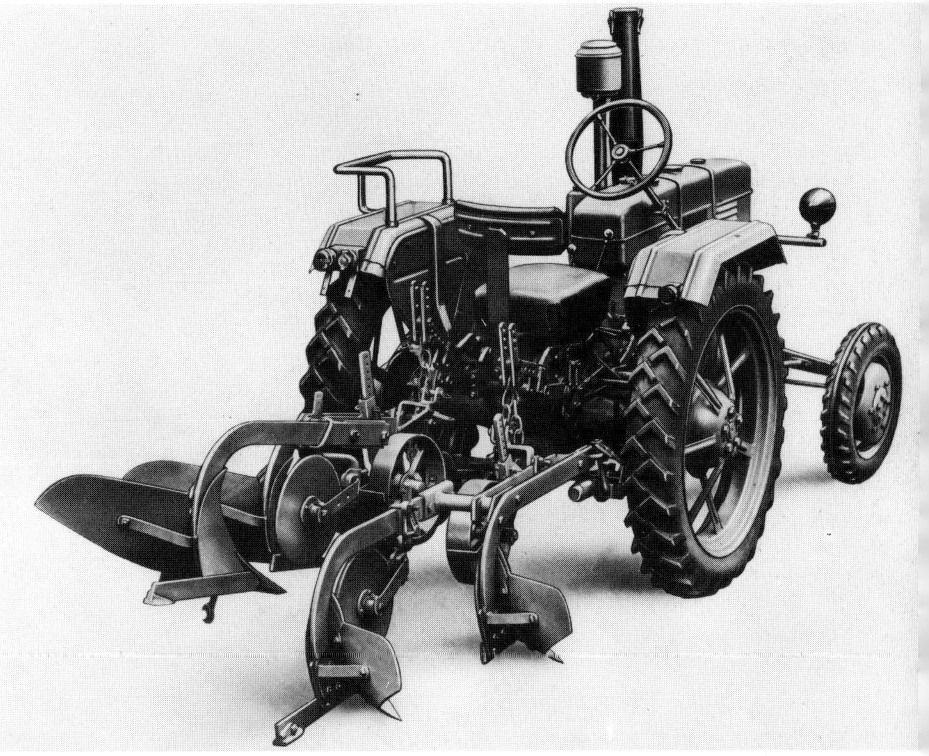

... und Transportstellung.

Der Allzweck-Bauern-Bulldog

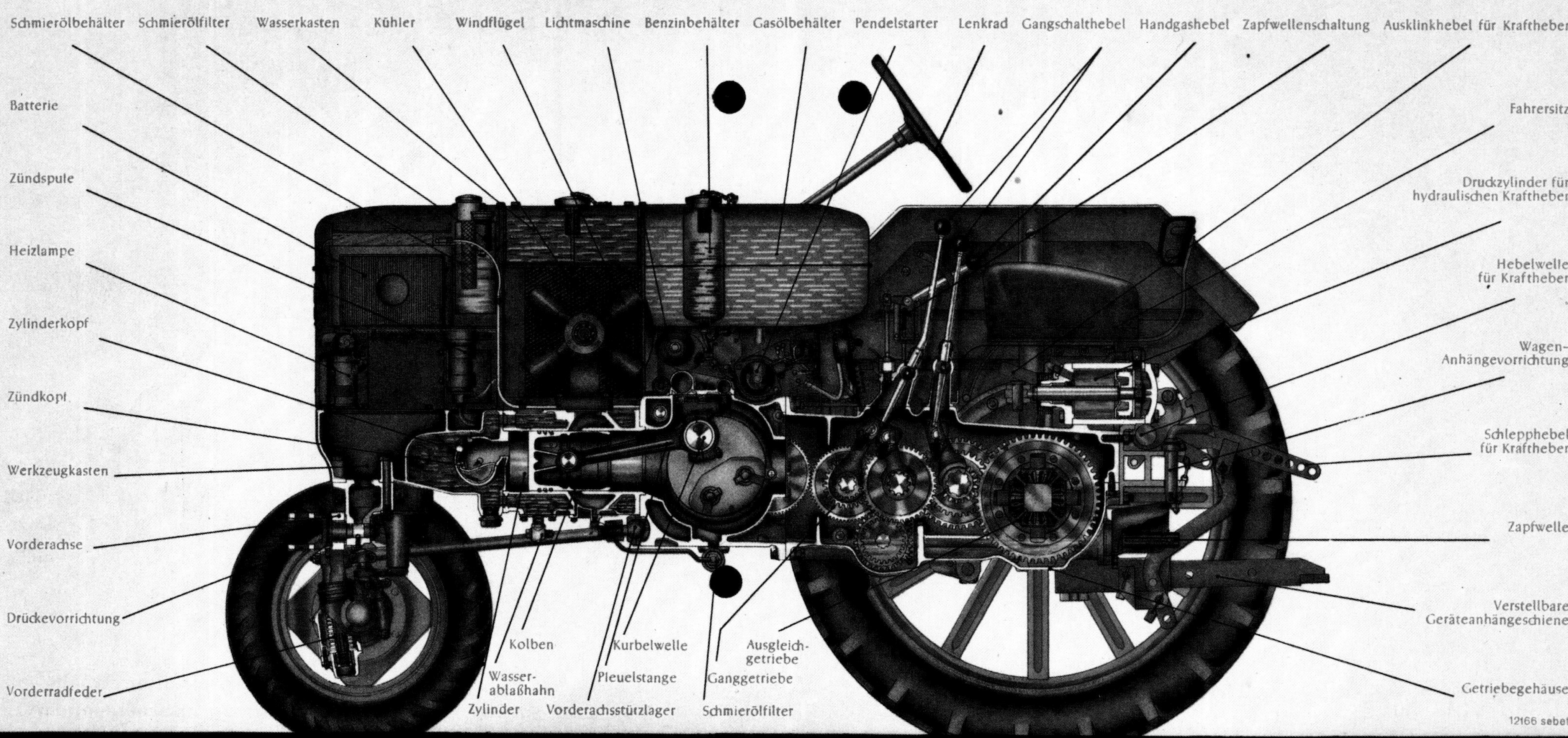

12166 sebet

LANZ

Links: Der 16-PS-Allzweck-Bauern-Bulldog im Schnitt.

Der 16-PS-Allzweck-Bauern-Bulldog mit zapfwellengetriebener Anhängepumpe der Firma AMAG-Hilpert-Pegnitzhütte AG Nürnberg.

bracht und nicht mehr zu sehen. Lediglich auf der linken Bulldogseite, vor dem Auspuff, war noch eine Öffnung vorhanden, über die der Zündsack angeheizt werden konnte. Doch Anheizen war in aller Regel nicht mehr notwendig, denn zur serienmäßigen Ausrüstung gehörte die elektrische Anlaßzündung, die außerdem auf Wunsch mit einem Bosch-Anlasser mit von Hand betätigtem Magnetschalter ausgerüstet werden konnte.

Zur weiteren serienmäßigen Ausrüstung zählten eine Riemenscheibe, Acker-Luftbereifung, Sechsgang-Getriebe, Zapfwelle, Vorderachse mit Einzelradfederung, gepolsterter Fahrersitz, Kotflügel über den Hinterrädern sowie eine komplette elektrische Ausrüstung, bestehend aus Batterie, Lichtmaschine, Scheinwerfer, Schlußleuchten, Hupe und der erwähnten Anlaßzündung.

Als Sonderausrüstung wurde anstelle des mechanischen Hebegetriebes des Vorgängers eine doppelt wirkende Vierpunkt-Hydraulik (heben und drücken) angeboten.

Weiter gab es auf Wunsch eine Windschutzscheibe mit Scheibenwischer, ein Verdeck mit Seiten- und Rückwand, einen Anbau-Grasmäher, sowie Reifenluftpumpe, Riemenleitrolle für die Vorderachse, einen Kilometerzähler und Kotflügel für die Vorderräder.

Der 16-PS-Allzweck-Bauern-Bulldog als Antriebsmaschine für eine Holzkreissäge.

Der 16-PS-Allzweck-Bauern-Bulldog als Zugmaschine, hier bei der Milchabliefe-rung . . .

. . . hier beim Mistausfahren in der Winterzeit . . .

. . . oder wie hier beim Holz-transport vom Wald zum Sägewerk.

Dieses Bild zeigt einen Prototyp auf dem Weg zur Arbeit. Man beachte die Hinterradkotflügel und den Zweisitz.

Der Auspuff konnte nach oben oder unten führend gewählt werden, wobei die Ausführung nach unten nicht mehr unter der Hinterachse durchgeführt wurde, was somit eine recht einfache Lösung darstellte.
Vorgestellt wurde der erste Bulldog noch mit runden Hinterrad-Kotflügeln, einem sogenannten „Glühkopf-Auspuff" und dem auf der Tankseite befestigten Handgashebel. Doch ob und wie viele solcher Bulldogs tatsächlich zur Auslieferung gelangten, läßt sich heute nicht mehr feststellen. Die runden Kotflügel wurden durch dachförmige ersetzt, der Glühkopf-Auspuff durch eine Neukonstruktion, die erstmals mit einem Zyklon für die Ölabscheidung ausgerüstet war. Der Handgashebel fand künftig am rechten Kotflügel seinen Platz.
Zum Einbau kam der liegende Einzylinder-Zweitakt-Glühkopfmotor mit Schlitzsteuerung und Kurbelgehäuseaufladung. Die Bohrung mit 145 mm Durchmesser und einem Hub von 170 mm ergaben einen Hubraum von 2,8 Litern Inhalt. Diese Daten, wie auch die Leerlaufdrehzahl von 350 U/min, waren völlig identisch mit denen des Vorgängers, doch die obere Leerlaufdrehzahl hatte man von 900 auf 950 U/min erhöht, womit die Leistungssteigerung von 15 auf 16 PS erreicht wurde. Bald wurde jedoch auch die untere Leerlaufdrehzahl auf 450 U/min angehoben. Zu dieser Änderung sah man sich veranlaßt, da der Motor nicht mehr über eine verstellbare Einspritzdüse verfügte und deshalb bei extrem langem Leerlauf zu erkalten drohte.
Die Art der Einspritzpumpe entsprach noch vollkommen der herkömmlichen Glühkopfart, doch beim Kolben gab es eine Änderung, es kam kein Nasenkolben mehr zum Einbau. Die Einspritzdüse wurde von der Firma Bosch geliefert. Der Regler, auch hier ein Produkt aus der eigenen Fabrik, entsprach in Aussehen und Wirkungsweise dem typischen Bulldog-Regler. Nicht anders der Aufbau von Kupplung, Kupplungsbremse und Riemenscheibe: man hatte die Bakkenkupplung gewählt. Lediglich die Anwurfscheibe war fest am Schwungrad montiert.
Der 16-PS-Bulldog wurde wie sein Vorgänger mit der gleichen Reifengröße, – hinten 6.50-32, vorne 4.50-16 – und den Speichenfelgen ausgerüstet. Für Arbeiten auf dem Acker empfahl Lanz einen Luftdruck der Antriebsräder von 0,8 atü, um die Zugkraft des Motors richtig ausnutzen zu können. Auf der Straße dagegen wurden 2,5 atü empfohlen. Folgende Fahrgeschwindigkeiten wurden erreicht:

1. Gang	3,5 km/h
2. Gang	5,1 km/h
3. Gang	7,5 km/h
Rückwärts	6,4 km/h
4. Gang	9,2 km/h
5. Gang	13,4 km/h
6. Gang	19,9 km/h
Rückwärts	17,0 km/h

Schenkt man den Prospekten Glauben, so wurden die Inhalte der Tanks und des Kühlers während der Bauzeit geändert.
So gibt ein Prospekt vom Juni 1950 den Kraftstoffbehälter mit 28 Liter, den Schmierölbehälter mit vier Liter, Benzinbehälter ebenfalls vier Liter und den Kühlerinhalt wieder mit 28 Liter Inhalt an.
Ein Prospekt vom März 1951 nennt folgende In-

So präsentiert sich der 16-PS-Plantagen-Bulldog, einmal von rechts und einmal von links.

halte: Kraftstoffbehälter 29 Liter, Schmierölbehälter drei Liter, Benzinbehälter zwei Liter, Kühlwasserbehälter 22 Liter.
Ursprünglich sollte der 16-PS-Bulldog in drei Ausführungen gebaut werden:
Ein Acker-Luft-Bulldog mit elektrischer Ausrüstung, Riemenscheibe, ungefederter Vorderachse, Eisensitz und einer hinteren Reifengröße von 6.50-32.
Die Endgeschwindigkeit wurde mit 17,9 km/h angegeben.
Die weitere Ausführung war ein Hackfrucht-Bulldog in der genannten Ausführung, jedoch mit einer hinteren Bereifung von 9,00-36 und einer dadurch erreichten Endgeschwindigkeit von 20,9 km/h.
Dieser Hackfrucht-Bulldog sollte wahlweise als Dreirad- oder Vierrad-Schlepper den Kunden zur Verfügung stehen.
Sicher war es dann aber den Kalkulatoren zuzuschreiben, daß letztlich nur eine Allzweck-Ausführung gebaut wurde.
Die guten Verkaufszahlen erlaubten im Jahre 1951 doch noch eine weitere Ausführung: den Plantagen-Bulldog. Der Plantagen-Bulldog entsprach in der Grundausrüstung dem Allzweck-Bulldog, doch wurden alle beweglichen und hervorstehenden Teile verkleidet oder mit Rohrabweiser geschützt. Bauteile wie Luftfilter und Lichter wurden dabei eng an den Rumpf des Schleppers angelegt. Der Auspuff wurde nach unten geführt. Die Hinterradfelgen waren als Scheibenräder ausgebildet. Selbst die Schraubverschlüsse des Kühlers und der verschiedenen Tanks wurden mit einer gemeinsamen Blechhaube abgedeckt.
Der Plantagen-Bulldog sollte in Baumschulen sowie in Obst- und Weinplantagen und ähnlichen Kulturen zum Einsatz kommen.

Der 16-PS-Allzweck-Bauern-Bulldog war der zweite in der HE-Linie entwickelte Bulldog und müßte deshalb HE 2 heißen, doch nach dem Krieg wurde auf diese Angabe in der Typenbezeichnung verzichtet. Deshalb wurde er weiterhin als HE-Bulldog bezeichnet. In Sammlerkreisen ist er allerdings mehr bekannt als „Seitenglühkopf-Bulldog". Die D-Nummer lautete D 5506, die Fertigungsnummern werden von Nr. 255001 bis 263355 angegeben. Es konnten insgesamt 8255 Bulldogs verkauft werden. Noch im Jahr 1950 wurden aber nur 56 Stück verkauft, was auf eine Fertigstellung erst kurz vor Jahresende schließen läßt.
Die öffentliche Vorstellung erfolgte auf der DLG in Frankfurt/Main.
(Fertigungszahlen siehe „Nachkriegs-Bulldogs")

Anmerkung:
Ich selbst besitze einen Bulldog D 5506 und hatte mit diesem schon sehr viel Ärger. Ärger, der aus Unkenntnis und falscher Behandlung entstanden ist.
Und wie ich weiß, mußten viele Bulldog-Besitzer desselben Typs wie auch der Nachfolgemodelle D 1706 und D 2206 ähnlich schmerzhafte Erfahrungen machen.

Ein Blick auf die Kraftstoff-Führung läßt die Verwandtschaft mit den großen Bulldogs erkennen. 1 Vorpumphebel; 2 Kraftstoff-Hauptfilter; 3 Kraftstoff-Nebenfilter; 4 Kraftstoff-Einspritzdüse; 5 Verschlußschraube zum Kühlwasserraum; 6 Zündkerze; 7 Kraftstoff-Pumpe.

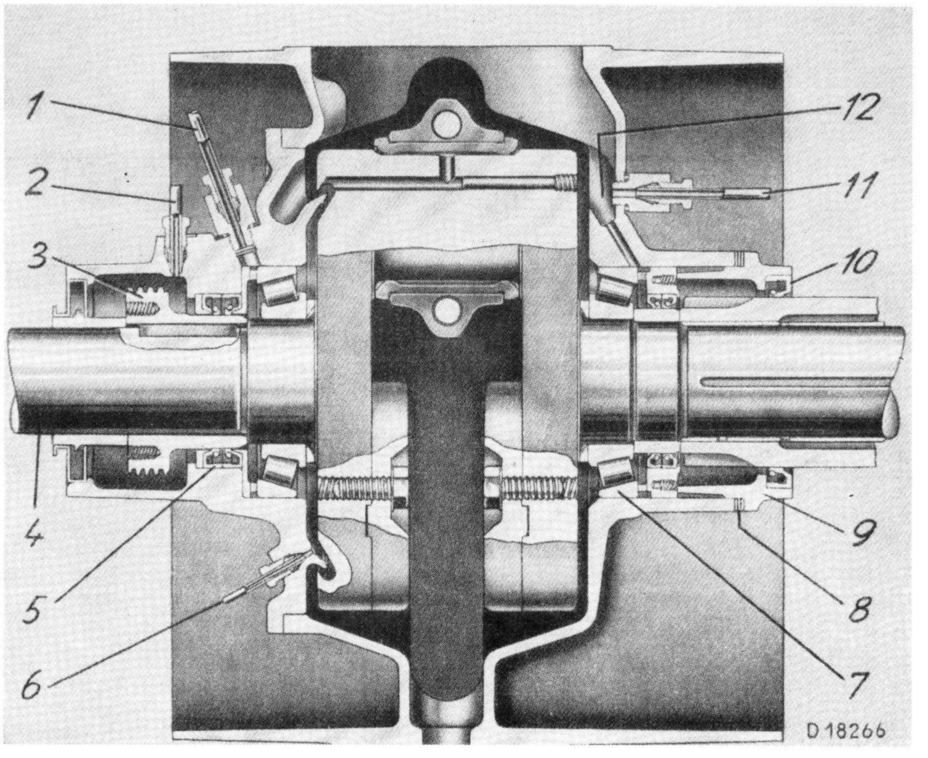

Lagerung und Schmierung der Kurbelwelle. 1 Schmierrohr für Pleuellager ab Schlepper Nr. 255056 und für linkes Kurbelwellenlager; 2 Schmierrohr für Ölpumpenantrieb; 3 Antriebsschnecke f. Ölpumpe; 4 Kurbelwelle; 5 Ölabdichtungsring; 6 Schmierrohr f. Pleuellager bis Schlepper Nr. 255055; 7 Kegelrollenlager rechts; 8 Einstellscheiben; 9 Lagerdeckel; 10 Ölabdichtungsring; 11 Schmierrohr f. rechtes Kurbelwellenlager; 12 Ölfangrinne.

Die Schmierung der Motorenteile dieser Bulldogs erfolgt, wie in meinen Büchern schon mehrmals beschrieben, über den Bosch-Öler, ausgenommen das rechte Hauptlager der Kurbelwelle. Dieses Lager muß mit der Ölkanne über ein Rohr mit Öl versorgt werden. Die Einfüllöffnung des Rohrs ist mit einem Kugelventil gegen Eindringen von Staub gesichert.

Wird nun der Bulldog mit dem Wasserschlauch oder gar einem Hochdruckreiniger gereinigt, so dringt unweigerlich Wasser über diese Leitung durch das Hauptlager in das Kurbelgehäuse und vermischt sich dort mit dem Schmieröl, denn das Kugelventil kann keinem Wasserstrahl standhalten.

Nach mehrmaligem Waschen wird nun der Wasseranteil im Ölbehälter immer höher, bis letztlich nur noch Wasser an die Schmierstellen gepumpt wird.

Nun entstehen schwere Schäden, vor allem am Kolben und Pleuellager, die dann oft nur noch mit hohem Reparaturkostenaufwand beseitigt werden können.

Deshalb ist vor dem Waschen des Bulldogs diese Schmierstelle mit einer stabilen Plastiktüte abzudecken und gut zu verschließen.

Sie können sich damit viel Zeit, Ärger und Kosten ersparen.

Über diesen Kugelöler 27 kann beim Waschen Wasser in den Ölkreislauf eindringen.

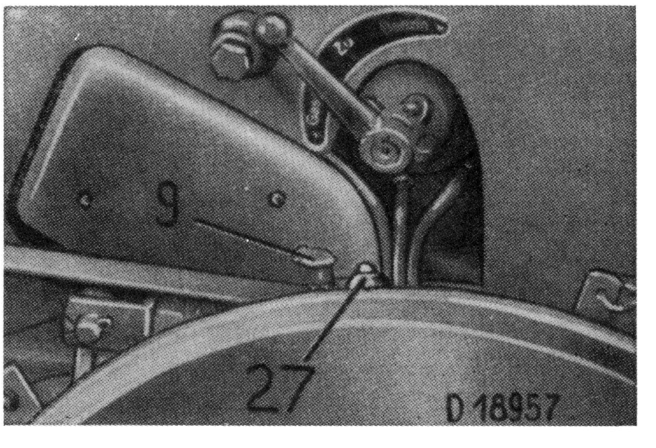

Das Interview

Die unter der Kolumne „Erinnerungen an vergangene Zeiten" erschienenen Beiträge ehemaliger Lanz-Mitarbeiter im Buch „Lanz Band 2" fanden bei der Leserschaft einen erstaunlich guten Anklang. Der Leser konnte die Zeit noch einmal erleben, bekam die Probleme und Schwierigkeiten der damaligen Zeit vor Augen geführt, konnte Vergleiche mit dem eigenen Arbeitsplatz anstellen, oder erhielt überhaupt erstmals Einblicke in die Arbeitswelt im Innen- und Außendienst einer Weltfirma.
Deshalb ging mein Bestreben dahin, diese wertvollen Beiträge in vertretbarem Rahmen weiterzuführen, ohne daß der Bulldog, der eigentliche Inhalt der Lanz-Bücher, zu kurz kommt. K.H.

Herr Dittler, Sie mußten 1941 Ihre Arbeit bei Lanz unterbrechen, denn Sie wurden zum Kriegsdienst eingezogen, konnten aber sehr früh, noch im Jahr 1945, aus der Gefangenschaft zurückkehren. Bitte erzählen Sie uns etwas darüber.

Ja, Glück braucht man immer etwas im Leben! Unsere Einheit wurde plötzlich aus dem westlichen Frontgebiet herausgezogen mit dem Marschbefehl, schnellstens nach Brunsbüttel überzuwechseln. Denn wir sollten am 8. Mai 1945 von dort nach Berlin zum weiteren Einsatz geflogen werden. Doch dann erfolgte noch am selben Tag die Kapitulation, womit uns der Flug erspart blieb. Die frühe Rückkehr aus der englischen Besatzungszone über die amerikanische Gefangenschaft ermöglichte meiner Einheit die frühe Heimkehr.

Herr Dittler, als Sie in Ihre Heimat nach Mannheim zurückkamen, was fanden Sie vor?

Der Eindruck war erschütternd, man sah nur noch Trümmer, kahle Fassaden, ausgebombte und beschädigte Häuser, Hallen und Gebäude.
Als während der letzten Monate und Wochen des totalen Krieges die Reste von Mannheim vollends zerstört wurden, fiel auch das bis dahin schon stark angeschlagene Lanz-Werk der restlosen Zerstörung anheim. Dies war am 1. März 1945.
Der weitere Einsatz der Alliierten bis April 1945 wurde dann durch schwere Luftangriffe vorbereitet.
Doch schon während eines Heimaturlaubs im August 1943 mußte ich einen Großangriff auf das Stadtgebiet miterleben. Es war die Nacht vom 5. auf den 6. September, wir waren alle in den Keller geflüchtet und mußten Angst und Schrecken eines wahnsinnigen Krieges am eigenen Leib erleben.
Auch das Werk hatte es damals schwer erwischt.

Walter Dittler

Noch heute habe ich vor Augen, wie das Reifenlager lichterloh brannte und rings um das Werk die Stadt. In dieser Nacht war die Hölle los. Die Erde bebte von den herabfallenden Sprengbomben und den Brandsätzen. Dazwischen mischte sich das Krachen der Flakbatterien.

Herr Dittler, was gibt es aus der Zeit von 1943 bis 1945 über die Firma Lanz zu berichten?

Nachdem ich im September 1945 die Arbeit bei Lanz wieder aufgenommen hatte, war es mir erstmals möglich, das volle Ausmaß der Zerstörung zu sehen. Es war ein furchtbarer, ein erschütternder Anblick. Überall nur Trümmer, Schutt und Zerstörung. Kaum vorstellbar, daß hier wieder gearbeitet werden sollte, daß hier je wieder ein neuer Bulldog diese Trümmerfelder verlassen sollte.
Mitarbeiter erzählten mir damals, unter welchen erschwerten Bedingungen sie die Produktion aufrecht erhalten mußten. Da die Firma auch zum Bau von Rüstungsgütern herangezogen wurde, war sie ein fortwährendes Ziel für Bombenangriffe.
Im Keller von Bau 11 hatte man damals Teile für das Getriebegehäuse sowie Innenteile des Getriebes für den Panzer AK 7 gefertigt. Um die Produktionsstätte ausreichend zu schützen, wurde

eine über einen Meter dicke Betondecke eingezogen. Im Bau 10, wo heute das Montage-Hauptband untergebracht ist, wurden die Panzerwannen für den „Tiger" oder „Königstiger" hergestellt. Gegenüber hatte man das komplette Fahrwerk samt den Laufketten für das NSU-Kettenkrad gefertigt und montiert.
Schon vor meiner Einberufung hatte man im Bau C, der Teilefertigung für Dreschmaschinen, vereinzelt damit begonnen, Granatwerfer-Munition herzustellen. Dieser Bau wurde nach dem Krieg nicht wieder aufgebaut, an seiner Stelle befindet sich heute ein Parkplatz.
Auch das Arbeiten selbst war in den Industriebetrieben durch das Fehlen der Mitarbeiter und der wichtigsten Rohstoffe nur erschwert möglich. Verschiedene Erlasse der Reichsregierung sollten dies jedoch steuern.
Rohmetall, das dringend für die Produktion benötigt wurde, mußte erst mit einem Metall-Anforderungsschein beantragt und genehmigt werden. Interessant wurde es, wenn eine neue Werkzeugmaschine benötigt wurde. Für den Bezieher gab es das Merkblatt vom 27. März 1940, in dem folgende Handhabung festgelegt wurde: Das Meldescheinverfahren, das Vormerkscheinverfahren und das Kontrollnummerverfahren.

Herr Dittler, wie ging es nach Ihrer Wiedereinstellung im Jahr 1945 bei Lanz weiter?

Nachdem ich alle Meldestellen im Werk durchlaufen hatte, meldete ich mich in meiner früheren Abteilung, der „Betriebsmittel-Konstruktion" wieder, die zu jener Zeit im Büro der Gießerei notdürftig untergebracht war. Doch wegen akuten Platzmangels konnte ich nicht beschäftigt werden. Deshalb wurde ich in den ersten Wochen in der Lehrwerkstatt zum Reparieren leicht beschädigter Werkzeugmaschinen eingesetzt. Da alle Lager für Werkzeuge und Hilfsstoffe noch unter den Trümmern verstreut waren, war man gezwungen, überall nach Brauchbarem zu stöbern. Doch bald waren einige Gebäude wieder soweit hergestellt, daß die „Betriebsmittel-Konstruktion" eine andere Unterkunft beziehen konnte und ich wieder am Reißbrett arbeiten durfte. Doch auch hier war unsere Bleibe nur vorübergehend. Bis zum Jahr 1950 mußten wir weitere viermal umziehen, bis endlich ein fester Platz für uns gefunden wurde.
Doch nochmals kurz zurück zum Stöbern. Da die Zeit von 1945 bis zur Währungsreform 1948 immer noch sehr schlecht war und die Bürger nur von Lebensmittelkarten, Kleidermarken und vom „Hamstern" leben konnten, waren wir wieder so weit, wie zu Beginn der zwanziger Jahre. Von den herumliegenden Buna-Gummistollen der Ketten-Radfahrzeuge schnitten wir uns mit Hilfe einer einfachen selbstgebastelten Halterung in der Mittagspause Scheiben für Schuhsohlen und Absätze ab. Als Werkzeug diente ein altes Metallsägeblatt, das vorher zurechtgeschliffen wurde. Diese Hilfsmittel machten unter den Kollegen die Runde. Auch unter der Obhut des Betriebsrates konnte man mit etwas Glück an verschiedene Gegenstände herankommen. Durch das Eintragen auf Wartelisten war es möglich, mit wenig Geld Fahrradmäntel oder Fahrradschläuche, Bügeleisen, Waffeleisen und ähnliche Dinge zu bekommen, wenigstens solange der Vorrat reichte. Später gab es ab und zu Kartoffeln, einmal sogar Weihnachtsbäume.

Herr Dittler, wie erholte sich das Werk von diesen schweren Schäden, wie ging der Wiederaufbau vonstatten?

Im Werk selbst ging der Wiederaufbau sehr langsam voran, doch jeder angekommene „Lan(ds)zer" war schließlich froh, daß er wieder arbeiten konnte und durfte.
Mit vieler Hände Arbeit geschah das schier Unvorstellbare, überall verschwanden nach und nach die Schuttberge, reparierte neue Hallen, Gebäude und Büros entstanden.
Da die Firma Lanz ein landwirtschaftliches Unternehmen war, war sie mit bei den ersten Firmen, die ihre Tore wieder öffnen durften.
Die Hauptlast lag zunächst beim Aufräumen und Aufbauen, doch bald konnten neue Produkte entwickelt werden.
Schwerpunkte waren im Jahr 1950 der 16-PS-Allzweck-Bulldog, 1951 der Motorgeräteträger Alldog, 1952 die neue Bulldog-Reihe mit den sparsamen Halbdieselmotoren, 1953 der gezogene Mähdrescher MD 180, ein Dreirad-Reihenfurch-Bulldog und ein Schmalspurschlepper, schließlich im Jahre 1954 der selbstfahrende Mähdrescher MD 240 S.

Herr Dittler, ich bedanke mich sehr für dieses ausführliche Gespräch, auch im Namen meiner Leser, und wünsche mir, daß jeder, der diese Zeilen liest, künftig dazu beitragen möge, mit allen Mitteln einen Krieg zu verhindern.

Nur ein Zylinderkopf!

Oder: Ein unmöglicher, aber möglicher Zustand.

Man schrieb das Jahr 1947, mein VW-Kübel, ein Firmenwagen und Kriegs-Übrigbleibsel, lief recht ordentlich, aber auf Reifen, die bis auf die Leinwand abgefahren waren. An einem gab es dazu noch seitlich eine morsche Stelle, dort hatte ich den Schlauch mit einem Stück Reifencord abgestützt. Alle bisherigen Anmahnungen des verheerenden Reifenzustandes an die Lanz-Filiale München waren im Sande verlaufen. Auf den gekiesten Nebenstraßen, die ich gewöhnlich zu befahren hatte, waren nur geringe Geschwindigkeiten möglich, und bis jetzt war alles gut gegangen. Nun aber, an einem sehr warmen Herbsttag, war ich von Eichendorf, meinem Standort, nach Passau unterwegs und benutzte von Vilshofen aus die Asphaltstraße. Plötzlich ein Donnerschlag, und das Fahrzeug rumpelte gewaltig, der Reifen war nun seitlich völlig durchgebrochen, die Cordstütze herausgeflogen und der Schlauch auf zwei Handbreit in kleine Fetzen zerplatzt. Ein Ersatzrad war nicht vorhanden, auch kein Schlauch, aber ein gutes Flickzeug (Peugit) nebst zugehörigem kalt vulkanisierendem Lösungsmittel hatte ich aus Wehrmachtsbeständen gerettet. So gelang es mir, ein Stück eines etwas größeren Schlauches in die fehlende Stelle einzufügen. Eine Dichtheitsprobe im Donauwasser nebenan befriedigte zwar nicht hundertprozentig, aber wenn man alle fünf Kilometer Luft nachpumpen würde, müßte es gehen. So wurde nun das kunstvolle Gebilde wieder montiert, wobei ich den Schlauch an der Reifenbruchstelle mit einem Streifen Sackleinwand mehrfach umwickelte. Diese „Leinwand" war allerdings kriegs- und zeitgemäß mit Fäden gewebt, die aus verdrillten Packpapierstreifen gesponnen waren, doch bei trockenem Wetter schien das Sackgewebe genügend fest. Meinem Ziel war ich schon nahe, und allzu oft mußte ich nicht nachpumpen, das letzte Mal noch wenige hundert Meter davor. Dort, hoch über Passau am Rand des Donautals, hatte ein unternehmungslustiger Bauer seinen kleinen Hof unmittelbar an der Straße nach Salzweg. Er betrieb einen für ihn viel zu großen 35-PS-Bulldog und verdiente sich damit vor allem mit Lohntransporten ein Zubrot. Er half mir auch in den folgenden Tagen aus meiner Reifen-Misere. Doch dieses Abenteuer sollte nur ein schwacher Abglanz dessen sein, was mich in Kürze in Form eines Zustandes bei einem Fahrzeug erwarten sollte.

Hansludwig Huber

Die Arbeit am Bulldog konnte nur provisorisch abgeschlossen werden, es waren einige Ersatzteile zu beschaffen. Im tiefen Winter 1947/1948 war ich nochmals in Grubweg, so hieß der weitverstreute Ort. Inzwischen hatte sich, tief in den Böhmerwald hinein, herumgesprochen, daß da ein Original-Lanz-Firmenmonteur unterwegs sei, der seine Arbeit gründlich mache und nicht nur auf die Schnelle etwas Butter und Speck ergattern wolle. So kam ein Abgesandter des Sägewerks Jos. Hilz in Neuhütte nach Grubweg. Ich sollte an einem Bulldog „nur" den Zylinderkopf einbauen, er sei schon vorhanden, den alten hätte der Frost aufgesprengt. Nun, daß es bloß mit einer kleinen Montage zu schaffen war, glaubte ich nicht, denn meist waren die Schlepper sehr mitgenommen, jahrelang hatte die gut eingespielte Lanz-Kundendienst-Inspektion wegen des Krieges nicht durchgeführt werden können, nur die Robustheit der Bulldogs ließ sie immer noch laufen.

Mit meinem Auto und den abgefahrenen Reifen

traute ich mich nicht, die mit festgefahrenem, vereistem Schnee bedeckte Straße zu fahren, ich ließ es in Grubweg im Schuppen stehen. Ein Pferdeschlitten sollte mich, mein Werkzeug und die Kleinersatzteile, nach Neuhütte bringen. Bis dorthin, tief im Böhmerwald, waren es etwa 35 km. Auf der langen, eisigen und windigen Fahrt kam mir der Spruch von boshaften Leuten in den Sinn, die behaupten, dort hinten im Nirgendwo des Böhmerwaldes würden sich die Leute die Hosen mit der Beißzange anziehen! Hinter Freyung wird es tatsächlich immer einsamer, ein letztes hochliegendes Dörfchen, Kreuzberg, auf der Straße nach Mauth, betreibt noch Feldwirtschaft, dann beginnt der ausgedehnte Wald, der sich im Tschechischen fortsetzt.

Neuhütte war eigentlich nur ein großer Gutshof mit einem einer Villa ähnlichen, geräumigen Wohnhaus, ein paar kleinen Waldarbeitshäuschen und im Talgrund eine Sägemühle. Die Familie Hilz durfte erst seit kurzem wieder ihr angestammtes Besitztum verwalten. Wegen ihrer Zugehörigkeit zur NSDAP hatte sie einige Zeit in einem kleinen Waldarbeiterhaus nebenan gewohnt und durfte das Gelände nicht betreten. Gutsbetrieb und das Wohnhaus waren währenddessen in Händen von sogenannten Treuhändern, deren Treue allerdings gelegentlich sehr zu wünschen übrig ließ. Man nannte sie deshalb „Dreihänder", da sie mit zwei Händen Arbeitsamkeit vorgaukelten und mit der dritten Hand hintenherum alles verscherbelten, was nur irgend möglich war – jedenfalls war es in Neuhütte so gewesen. Die Pferde konnte man ja wohl nicht verschwinden lassen, aber nahezu das gesamte Pferdegeschirr und sonstiges Kleingut waren bei der Rückgabe des Betriebes verschwunden, Werkzeug und die guten Sägeblätter der Mühle nicht mehr vorhanden, nur im Wohnhaus hatte die alte treue Wirtschafterin energisch und scharf auf alles aufgepaßt, und die Waldarbeiter fällten möglichst wenig und nur das schlechteste Holz. So war ein neuer Anfang schwierig, doch ging es langsam wieder aufwärts. Hilz hatte aus Wehrmachtsbeständen einen Holzgas-Zweistoff-Verkehrs-Bulldog mit Führerhaus beschaffen können, der mit letzter Kraft aus der Weite des Ostens heimgekehrt war. Das Sägewerk konnte man bisher allerdings mangels Gerätschaften noch nicht in Gang setzen, aber auch ganze Baumstämme waren ein begehrter Handelsartikel, man brauchte sie ja nur irgendwo anders zu Brettern und Balken zu verarbeiten, die für den Wiederaufbau dringend benötigt wurden.

Am Bulldog war die Holzgas-Anlage schon abgebaut und der Schlepper auf Gasölbetrieb umgestellt, dies konnte man leicht bewerkstelligen, nur die Einspritzanlage war zu verstellen. Ich aber wußte, daß es damit nicht getan wäre, denn das Holzgas bzw. der mitgeführte Kohlestaub und das Kondenswasser verdreckten das Kurbelgehäuse, und meist waren die Filz-Dichtringe der Kurbelwelle verbrannt, denn es gab trotz Gasschleuse Flammenrückschläge in das Kurbelgehäuse. Schon bei der Ankunft hatte ich Hilz dies mitgeteilt, ohne den Schlepper zuvor gesehen zu haben, auf Halbheiten ließ ich mich nie ein. Doch Hilz war froh, überhaupt einen Fachmann bekommen zu haben, und gab mir in jeder Hinsicht freie Hand. Zeit und Geld spielten keine Rolle, jetzt im Winter konnte sowieso nicht gefahren werden, und ein verkaufter Baumstamm war Gold wert. Auch arbeitsmäßig war alles gut geregelt. Der Fahrer half mir, eine geräumige Garage mit elektrischem Licht, und ein Ofen sowie Unmengen von Feuerholz standen bereit, allerdings mußte vorher das Führerhaus abgenommen werden, der Arbeitsraum war nicht hoch genug.

Glücklicherweise hatte auch ein Flaschenzug der Waldarbeiter die „Dreihänderei" überstanden, sie hatten ihn wohl versteckt gehabt, sonstiges Werkzeug hatte ich zur Genüge dabei. Das hohe Gebälk der Gutseinfahrt war stark genug, um das Führerhaus abzuheben. So war ich guten Mutes und sah mir nun das Fahrzeug etwas genauer an. Die starken Schrauben, mit denen das Haus auf dem Getriebe befestigt ist, kamen mir nicht geheuer vor. Festsitzende Schraubenköpfe sind nach Jahren mit altem Dreck so zugeschmiert, daß man sie vor dem Lösen etwas reinigt, damit nichts in das Gewindeloch fällt. Doch diese Köpfe waren ringsum frei und schienen lose zu sein. Ich drehte mit den Fingern an einem, er bewegte sich, stieg aber nicht hoch. Nun zog ich dran, und siehe da, er steckte nur noch im Gewindeloch, vom Schraubengewinde war kaum noch etwas zu erkennen. So war es mit fast allen Schrauben, man hätte das Führerhaus samt ihnen einfach abheben können, nur die Erdanziehung hielt es noch nach unten und die losen Schraubenschäfte nach hinten, denn die ganze Zugkraft wurde über das Haus übertragen, die Anhänge-Vorrichtung war daran befestigt. Die Stahlwinkel, an denen die Brems- und Kupplungshebel befestigt sind, hingen auch nur noch mit losen Muttern am Schlepper bzw. Führerhaus, teils fehlten die Muttern ganz, ein kräftiger Tritt aufs Bremspedal, und alles wäre abgefallen. So etwas von Verkommenheit hatte ich noch nie gesehen, ich war entsetzt und wußte vorerst nicht, wie das wohl wieder hinzukriegen wäre. Eventuell müßte man stärkere Schrauben verwenden, denn sicher war auch das Muttergewinde im Guß genauso verschlissen wie das der Schrauben. Ob aber die Gehäusewandstärke größere Gewindedurchmesser zulassen würde, war noch ungewiß. Hilz, dem ich den verheerenden Zustand des Schleppers zeigte, meinte, er brauche den Schlepper unbedingt und würde für alle Kosten aufkommen, wenn ich nur dabliebe. Mir war es recht, vorerst arbeiteten wir zwar noch im Freien, aber die warme Garage und eine gute Verpflegung sowie die reichhaltige Bibliothek, in der mein Bett stand, ließen ein paar Winterwochen gut überstehen. Daß alles eine geraume Zeit dauern würde, dessen war ich mir nun sicher, es sollte aber noch weitere Überraschungen geben.

Das Führerhaus war nun ohne viel Schraubarbeit abgehoben und vorerst beiseite gestellt, wir konnten in unsere gemütlich warme Garage umziehen. Die größte Sorge bereiteten mir die Gewinde im Getriebegehäuse, dies war wie ein großer Trog oben offen, von dort wurde alles eingebaut und mit einer glatten Stahlplatte nebst Dichtung und wenigen kleinen Schrauben abgedeckt, darüber kam bei den normalen Schleppern eine mit rhombischen Stegen gewalzte Trittplatte, an der auch Kotflügel und etliches andere befestigt waren, kräftige Schrauben hielten sie und die darunterliegende Getriebe-Abdeckplatte fest. Bei unserem Führerhaus-Bulldog diente der Boden als Ersatz für die Trittplatte. Gewinde in Sacklöchern sind schwierig herzustellen, man kann nicht durchschneiden, sondern muß lange Maschinengewinde-Bohrer verwenden, die entsprechend tiefe Sacklöcher benötigen. Dies war unser Glück, denn mit Handgewinde-Schneidern braucht man keine so tiefen Löcher. Im tieferen Bereich der Sacklöcher waren noch etliche Gewindegänge erhalten, von dort konnte man jetzt nachschneiden, lediglich die Metallspäne durften nicht in die Tiefe fallen. Dies läßt sich jedoch leicht vermeiden, indem man die Schneid-Nuten dick mit Fett einschmiert, darin bleiben die kleinen Gußspäne hängen und werden öfters entfernt, dann die Bohrer neu eingefettet. In der Fabrik geht dies viel einfacher: Man läßt die Späne

von alleine herausfallen, weil man das Gehäuse umdreht und nach oben bohrt, wir aber konnten dies nicht. Was lange währt, wird endlich gut, jetzt benötigten wir nur noch längere Schrauben. Die stellte uns eine Werkstatt in Freyung her, denn Lanz hatte für diesen verrückten Fall natürlich keine Ersatzteile parat. Übrigens waren die längeren Schrauben nun viel sicherer, viel elastischer, sie konnten sich nicht mehr so leicht lokkern. Einige andere Teile, die uns die zuständige Lanz-Händler- und Vertragswerkstätte Bentelhauser in Passau nicht liefern konnte, mußten wir in Mannheim besorgen. Mein Hilfsmann wurde mit einigen Lebensmitteln ausgestattet und in die Fabrik geschickt, man konnte von Freyung aus nun wieder mit der Bahn fahren. Ich beschäftigte mich inzwischen mit dem Fahrerhaus und dem Motor. Schließlich ging es auf Weihnachten zu. Das Fest wollte ich nach so langer Abwesenheit bei Frau und Kind in Eichendorf (8383 Vilstal) verbringen, und die Eisenbahn brachte mich mit vielen Umstiegen und Zickzack-Nebenstrecken hin und zurück.

„Alles hat ein Ende, nur die Wurst hat zwei." Für uns sollte dieser alberne Spruch aber nicht zutreffen. Als letzte Arbeit wollte ich die Kurbelwelle herrichten. Das Pleuel hatte ein Aluminium-Zink-Lager, das wie üblich stark angefressen war, aber noch gut seine Dienste versah, wenn man die Ölzufuhr gründlich reinigte. Ich hatte es nachgefeilt und wieder eingeschabt, heute bin ich der Meinung, diese mühselige und schwierige Arbeit wäre nicht nötig gewesen. Es hätte genügt, ein wenig das Lagerspiel zu verringern, denn zuvor im Betrieb war es ja auch ohne Schwierigkeiten zu machen. Auch der Kurbelzapfen war mit Aluminium-Resten behaftet, die von Hand nur mit Schmirgelleinwand zu entfernen waren. Doch die heutzutage so sehr gelästerte Chemie macht dies mit ihren „Heinzelmännchen" über Nacht ganz alleine und viel schonender. Ein dickes Tuch wird mit Natronlauge getränkt und um den Zapfen gewickelt, die konzentrierte, scharfe Lauge löst das Aluminium auf, aber auch die Fingerhaut, wenn man sie nicht vorher gut eingefettet hat und danach gründlich wäscht, denn Gummihandschuhe besaß ich nicht. So lag also die Kurbelwelle auf zwei Holzböcken, Schragen nennt man sie dort, sorgfältig mit Dieselbrennstoff abgewaschen und einbaufertig. Nun war alles nur noch oft geübte Routine, und befriedigt schlug ich mit der flachen Hand leicht auf die Kurbelwange – fertig! Doch ganz sauber war die Welle wohl noch nicht, ein dunkler Faden zog sich halb über den Kurbelzapfen und die Bohrung des Öllochs. Ich wischte ihn ab und schlug nochmals auf die Wange, endlich fertig! Doch wieder war der dunkle Faden da, dies konnte nur einen Riß im Stahl bedeuten, und tatsächlich, der Zapfen war halb durchgebrochen, der Riß aber nicht zu sehen, nur das eingesickerte Abwaschöl und mein befriedigter Handschlag hatten den Schaden offenbart. Das hätte ein böses Ende gegeben, wenn die schadhafte Kurbelwelle, bei nun voller Motorleistung, nach kurzer Zeit ganz durchgebrochen wäre, der Motor hätte wohl schwersten Schaden erlitten. Zwar hätte der Dauerbruch leicht nachgewiesen werden können, sein schaliges Bruchbild und der körnige Endbruch zeigen dies unverkennbar, doch wer glaubt mir, daß so ein Bruch mit bloßem Auge und auch mit der Lupe nicht zu sehen ist? Auch heute noch, 42 Jahre später, werden feine Risse auf ähnliche Weise nachgewiesen: Ein Öl, das in ultraviolettem Licht aufleuchtet, läßt man in die vermuteten Risse einsickern, die, falls vorhanden, im dunkeln aufleuchten. So mußte also unser Mann nochmals nach Mannheim ins Werk, neben den Lebensmitteln für die Werksküche auch noch die schwere Kurbelwelle im Gepäck, denn ich wollte nicht riskieren, daß er eine falsche bringt.

Ich konnte vorerst nichts weiter tun, alles war einbaubereit, doch inzwischen hatte sich ein weiterer Kunde gemeldet, der Müller Kopold Schmid, dessen Schlepper auch einer Kur bedurfte. Im Talgrund des Sansbaches hinter dem kleinen Ort Mauth, nur noch fünf Kilometer von der Grenze entfernt, steht seine Annatal-Mühle, dort sah ich mir den 20-PS-Bulldog an, er sollte anschließend drankommen, denn der Zusammenbau des Schleppers in Neuhütte war nur noch eine Arbeit von wenigen Tagen.

Auch der Mühlen-Schlepper sollte mir noch einige Sorgen bereiten, doch davon ein andermal. Die Arbeit in Neuhütte, der angenehme Aufenthalt bei Familie Hilz und ein prächtiger, wenn auch kalter Waldwinter sind mir in stets guter Erinnerung geblieben.

Sonderteil

Glühkopf-Schlepper, Nachbauten und Lizenz-Bulldogs

Dieser sauber restaurierte Landini leistet 30 PS bei einem Hubraum von 6,5 Liter und stammt aus dem Jahre 1955, er gehört Peter Berger in Rosenheim.

Glühkopf-Schlepper, Nachbauten und Lizenz-Bulldogs

Eine Gemeinschaftsarbeit von Egon Wegmann und K. Häfner

12-PS-HL-Bulldog von Lanz. Baujahr 1921.

15-PS-Werwolf-Glühkopf-Schlepper, Baujahr 1924.

20-PS-Bubba-Glühkopf-Schlepper, Baujahr 1926.

„Nachahmung ist die beste Anerkennung! Wenn ein deutscher Schlepper bei stärkstem Wettbewerb gegen billigere amerikanische Schlepper in der ganzen Welt gekauft wird, in Afrika, Asien, Australien, ja selbst in Kanada usw., so muß schon etwas Besonderes an ihm sein. Noch mehr zeigt sich das, wenn er nachgebaut wird."

Diese Worte schrieb Prof. Dr. Ing. Vormfelde und ließ sie 1941 veröffentlichen.
Wie recht er doch hatte mit diesen Zeilen. Gab es doch damals wesentlich modernere und weitaus besser bedienbare Konstruktionen, als der 12er-Bulldog es war. Man denke nur an die rückständige Drehschemel-Lenkung oder die Holzbakkenbremse, so war es doch höchst verwunderlich, daß dieser Selbstfahrer-Schlepper schon nach kurzer Zeit kopiert und nachgebaut wurde. Zumal auch Form und Aussehen nicht richtungsweisend für den Schlepperbau waren.
Das Geheimnis lag einzig und allein im Motor! Einfachste Technik, die notfalls mit der Mistgabel auf dem Acker repariert werden konnte, wie sich Fritz Huber einmal ausgedrückt haben soll, dazu Sparsamkeit, verbunden mit der großen Gleichgültigkeit gegenüber unterschiedlichsten Treibstoffen, ermöglichten den Einsatz dieses Motors auf Gebieten, wo andere längst versagten. Denn Treibstoffe waren damals noch nicht vergleichbar mit der heutigen Qualität und außerdem in den ersten Nachkriegsjahren sehr knapp und teuer.
Natürlich war der Glühkopfmotor nicht neu, er wurde schon im Jahre 1891 patentrechtlich geschützt, doch erst mit der Erfindung der verstellbaren Einspritzdüse durch Fritz Huber hielt er im Fahrzeugbau Einzug.
Anfang des Jahres 1921 „pupperten" die ersten drei Prototypen auf dem Versuchsgelände der Firma Lanz. Noch im selben Jahr wurde der „Bulldog" auf der DLG in Leipzig der Öffentlichkeit vorgestellt und die Serienproduktion aufgenommen. Durch den Erfolg der nächsten Jahre, der dem 12er-HL-Bulldog beschieden war, sahen

sich andere Schlepperbauer auf den Plan gerufen und warteten mit ähnlichen Konstruktionen auf.

Der Werwolf-Schlepper

So etwa die Firma Wolf in Magdeburg-Buckau, schon Jahre vor dem Ersten Weltkrieg ein ernstzunehmender Konkurrent von Lanz in der Herstellung von Dampfmaschinen und Lokomobilen, stellte 1924 auf der DLG in Hamburg gleich zwei dem Bulldog sehr ähnliche Selbstfahrer mit Glühkopfmotor vor. Diese Schlepper mit dem sagenumwobenen und schaurig-heimlich klingenden Namen „Werwolf" verfügten zunächst über eine Leistung von 12 PS, die kurze Zeit später auf 15 PS erhöht wurde. Allerdings hatten diese Schlepper keine große Zukunft, denn die Fertigung mußte wenige Monate später durch das Inkrafttreten des zwischen den Firmen Lanz und Wolf geschlossenen Produktions-Trennungsvertrages Anfang 1926 eingestellt werden. Die Firma Wolf verpflichtete sich, auf den Bau und Verkauf von Schleppern und „auf Fahrgestellen montierte Verbrennungsmotoren" zu verzichten.

Der Bubba-Schlepper

Eineinhalb Jahre später kam der 20 PS starke Bubba aus Italien. Er wurde 1925/26 auf dem Markt vorgestellt und dürfte damit der erste Lanz-Nachbau außerhalb Deutschlands gewesen sein. Daß es sich hier um einen Nachbau handelt, wird beim Betrachten der beiden Bilder von Lanz und Bubba deutlich und dürfte auch die letzten Zweifel ausräumen.
Der Bubba-Schlepper war mit einem liegenden Einzylinder-Glühkopfmotor augestattet, der bei 500 U/min 20 PS leistete. Dazu verfügte er über ein Getriebe mit zwei Vorwärtsgängen, die Geschwindigkeiten von etwa drei und fünf Kilometer in der Stunde ermöglichten. Zur Rückwärtsfahrt wurde der Motor in die andere Drehrichtung umgesteuert.
Insgesamt war der Schlepper mit seinen 2700 kg Gewicht etwas größer und schwerer als sein Vorbild, der 12-PS-HL-Bulldog.

Deutzer Diesel-Schlepper

Ebenfalls im Jahre 1926 brachte Deutz eine Zug- und Kraftmaschine vom Typ MTH 222 auf den Markt, die zwar mit einem Dieselmotor ausgerüstet war, aber deren Aussehen es verdient, hier erwähnt zu werden, denn das Fahrgestell war dem des 12er-Lanz sehr ähnlich.
Irgend jemand erzählte mir sogar einmal, daß dieses Fahrgestell von Lanz geliefert wurde, doch fand ich dafür nirgendwo eine Bestätigung.
Der Deutzer Schlepper war mit einem liegenden, Einzylinder-Viertakt-Dieselmotor mit Verdampferkühler ausgerüstet und leistete 13/14 PS bei 600 U/min. Er verfügte über zwei Vorwärts- und einen Rückwärtsgang, die Geschwindigkeiten von 3,7 und 6,3 oder 4,5 und 7,6 km/h erlaubten. Geliefert wurde der Schlepper auf Wunsch mit Eisen- oder Elastik-Bereifung.
Der Motor verarbeitete Rohöl, Gasöl, Braunkohle-Teeröl, Paraffinöl und Petroleum und konnte, im Gegensatz zum Lanz-Glühkopfmotor,

13/14-PS-Deutzer-Diesel-Schlepper, Baujahr 1926.
Foto: KHD

18/20-PS-Baumi-Glühkopf-Schlepper, Baujahr 1927.

sofort und mühelos ohne Anheizlampe aus dem kalten Zustand heraus gestartet werden. Doch selbst diese breite Kraftstoffpalette und der Vorteil des Schnellstarts konnten dem Deutzer-Schlepper nicht zum Erfolg verhelfen.

Der Baumi-Schlepper

Auch der im Jahre 1927 auf der DLG-Ausstellung in Dortmund vorgestellte „Baumi-Schlepper" verleugnet nicht, daß für ihn der 12er-HL-Bulldog Pate gestanden hat. Er war von der Baugesellschaft Michelson in Minden, Westfalen, gebaut worden. Ausgerüstet mit einem liegenden Einzylinder-Glühkopfmotor leistete er etwa 18 PS bei 470 U/min.
Er verfügte über zwei Vorwärtsgänge mit 4,3 und 8 km/h und einen Rückwärtsgang. Je nach Einsatzgebiet konnte der Baumi eisenbereift oder elastikbereift, vorne einfach und hinten einfach oder zwillingsbereift gekauft werden. Des weiteren stand eine Seilwinde mit einem 40 Meter langen Seil zur Verfügung.

Inzwischen, das heißt bis zum Jahre 1926, war man bei Lanz um die Erfahrung einiger Entwicklungen reicher, dazu führten einschneidende Maßnahmen aufgrund zwingender wirtschaftlicher Notstände zum Bau des 22/28 PS starken Groß-Bulldogs. Dieser neue, dem 12er-HL-Bulldog an Einfachheit und Zuverlässigkeit nicht nachstehende Bulldog hatte dazu einige Vorteile aufzuweisen, wie etwa die Geländegängigkeit sowie das schnellere Vorwärtskommen durch das neuentwickelte Viergang-Getriebe, dazu Achsschenkel-Lenkung und Fußbremse. Doch auch der Motor war durch den Wegfall der Wasserpumpe noch einfacher, dafür aber mehr als doppelt so stark geworden.
Dieser neuentwickelte Bulldog war ebenfalls Anlaß für den einen oder anderen Schlepper-Bauer, hierin ein Vorbild für das eigene Produkt zu sehen.

Lanz-Groß-Bulldog mit zunächst 22, dann mit 22/28 PS, Baujahr 1925/26.

Landini-Schlepper mit Glühkopfmotor

So etwa die in Italien alteingesessene Firma Landini, die 1927 mit einem 25/30 PS starken Verdampfer-Glühkopf-Schlepper aufwartete. Kurze Zeit später erfolgte eine Programmerweiterung durch einen 40 PS starken Verdampfer-Glühkopf-Schlepper. Beide Schlepper verfügten über einen liegenden, in Fahrtrichtung gerichteten Kolben. Die Kurbelwelle, quer zur Fahrtrichtung

25/30-PS-Landini mit Glühkopf-Motor, Baujahr 1927.

angeordnet, war an beiden Enden mit stattlichen Schwungrädern ausgerüstet. Der Wasserbehälter des Verdampfer-Kühlers wurde über dem Zylinder angeordnet und dabei so weit nach unten geführt, daß die Laufbuchse voll vom Kühlwasser umspült wurde. Der Zylinderkopf ragte nach vorne über den Zylinder und die Vorderachse hinaus und konnte mit der Lötlampe angeheizt werden. Insgesamt waren die Schlepper nach der bekannten Blockbauweise konstruiert, wobei Zylinder, Kurbelgehäuse, Getriebe und Achs-Trichter zu einem stabilen Block zusammengeschraubt waren.
In den ausgehenden zwanziger Jahren baute Landini Glühkopf-Schlepper mit Kühler, wobei der Kühler im Gegensatz zu den Lanz-Bulldogs

15/30-PS-Lanz-Kühler-Bulldog, Baujahr 1929.

25-PS-Bubba-Kühler-Schlepper, Baujahr 1930.

35-PS-Orsi-Kühler-Schlepper, erste Ausführung von 1932 . . .

. . . und die verbesserte Ausführung von 1934.

auf der Stirnseite des Schleppers angebracht war. Hinter diesem Kühler war der Ventilator befestigt, angetrieben über einen Riemen. Das Steigrohr führte als Verbindung vom Zylinderkopf zum Wasserkasten, so daß das heiße Wasser ohne Wasserpumpe nach dem Prinzip des Kälte-Wärme-Gefälles funktionierte, wie dies in Band 2, beim 22/28-Kühlerbulldog HR 4, auf Seite 31 näher beschrieben wird.
Ohne hier das Programm der Landini-Schlepper weiter zu verfolgen, soll noch gesagt werden, daß die Technik der Schlepper wie auch die Arbeitsweise der Motoren weiter verbessert und verfeinert wurden, womit sich diese Firma zum größten italienischen Glühkopf-Schlepper-Hersteller entwickelte und den Bau solcher Schlepper bis Anfang der fünfziger Jahre fortsetzte.

Bubba-Schlepper mit größeren Leistungen

Die erstgenannte italienische Firma Bubba brachte ebenfalls einen weiteren, 25 PS starken

45-PS-Orsi-Glühkopf-Schlepper, Baujahr 1935.

Glühkopf-Schlepper mit Verdampfer-Kühler auf den Markt, der mit drei Gängen für Vor- und Rückwärtsfahrt ausgerüstet war. Die erreichbaren Fahrgeschwindigkeiten wurden mit etwa 2,5, 3,5 und 5,5 km/h angegeben, das Gewicht in

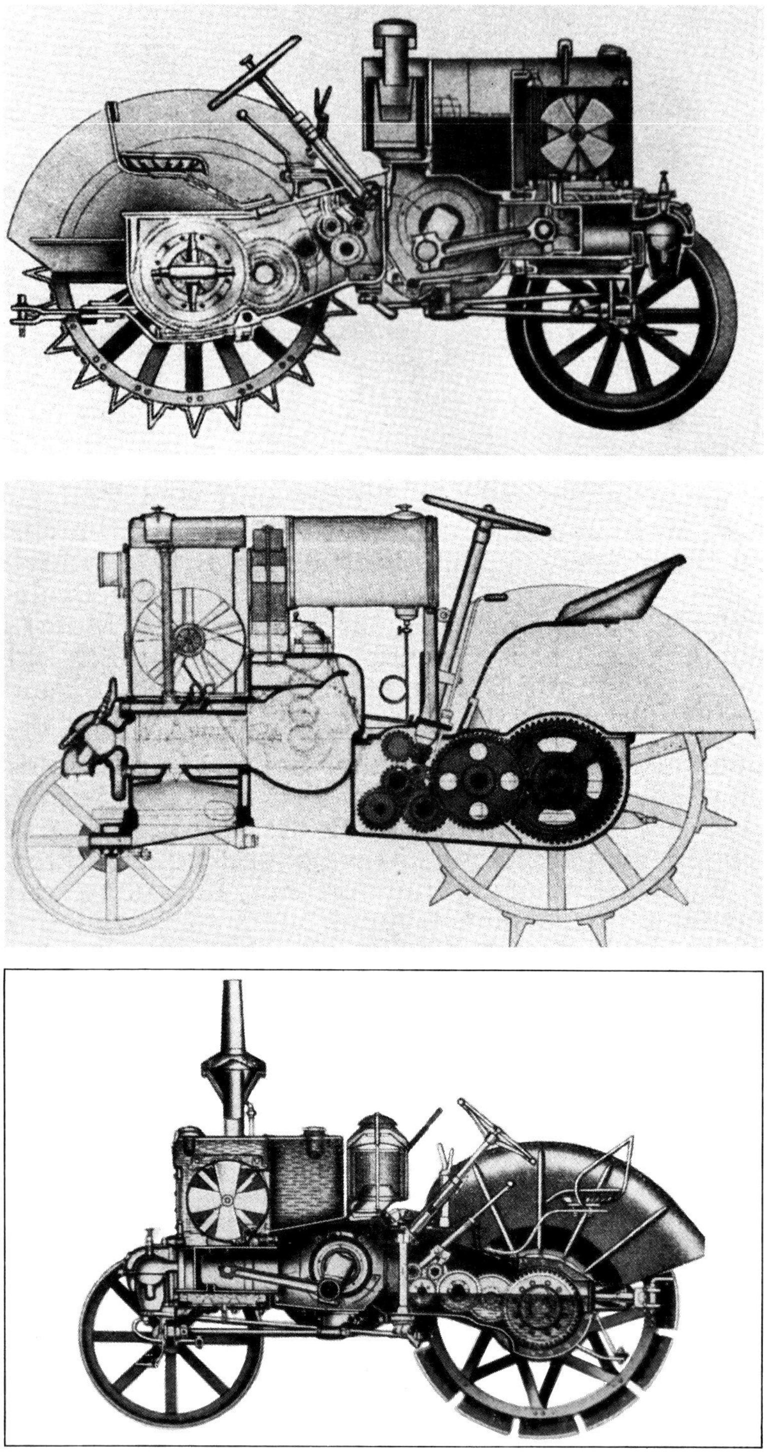

Der Bulldog und seine Nachahmer im Schnitt: 45-PS-Orsi, 25-PS-HSCS- und 15/30-PS-Kühler-Bulldog.

fahrbereitem Zustand mit etwas über einer Tonne. Diesem 25 PS starken Schlepper folgten bald weitere Typen, so daß eine mehrere PS-Klassen umfassende Auswahl zur Verfügung stand.

Mit Erscheinen des Lanz-Kühler-Bulldogs ging man dann ebenfalls auf Thermo-Syphon-Kühlung über, wobei aber vor der endgültigen Umstellung aller Schlepper dem Kunden einige Modelle wahlweise als Verdampfer- oder Kühler-Schlepper angeboten wurden. Der Aufbau des Kühlers, wie auch die Anordnung von Lüfterrad und Lüfterantrieb, entsprach dem des 15/30-Kühlerbulldogs.

In den folgenden Jahren erweiterte Bubba die Angebotspalette der Glühkopf-Schlepper und bot Leistungen mit 35, 45 und 50 PS an. Dabei wurde der liegende, einzylindrige Glühkopfmotor in allen Modellen beibehalten. Der Kühleraufbau jedoch wurde bei den späteren Typen auf die Frontseite der Schlepper verlegt, die Tankanordnung entsprach etwa der des 22/28-Kühler-Bulldogs.

Der Orsi-Schlepper aus Italien

Ebenfalls aus Italien kam in den ausgehenden zwanziger Jahren ein weiterer Glühkopf-Schlepper mit 35 PS, der dem 15/30-Kühlerbulldog im Aufbau und Aussehen sehr ähnlich war. Er wurde von der Firma Orsi in Tortona bis in das Jahr 1934 gebaut und dann vom Super-Orsi mit 40/45 PS abgelöst, der danach als verbesserte Ausführung angeboten wurde. Auch dieser verbesserte Schlepper konnte gewisse Ähnlichkeiten mit dem Bulldog nicht verleugnen.

40-PS-Diesel-Schlepper von Cassani, Baujahr 1927. Zeigen Kühler und Tank auch Ähnlichkeit mit dem Fordson-Schlepper, so ist doch die Verwandtschaft mit dem Lanz-Bulldog deutlich erkennbar.
Foto: E. Wegmann

Cassani-Dieselschlepper

Gleichfalls in Italien wurde in der Stadt Treviglio ein Schlepper gebaut, dessen Konstruktion wohl auch die Grundzüge des Lanz-Bulldogs trug. Es war der 40 PS starke Cassani, der über einen horizontal angeordneten Zweizylinder-Dieselmotor verfügte. Mit ihm wurde 1927 der Grundstein der heutigen Firma Same gelegt.
Trotz der Tatsache, daß der Bulldog allein in Italien drei Glühkopf-Nachahmer gefunden hatte, wurden allenfalls die Verkaufszahlen in Italien beeinflußt, denn die italienischen Schlepper ließen sich kaum ins Ausland verkaufen.

Dieser 36-PS-Glühkopfmotor kam mit geändertem Kurbelgehäuse, Zylinderblock und Schwungrad im McDonald-Schlepper zum Einbau.

Donald, ein australischer Schlepper mit Glühkopfmotor

Etwa genau so sah es in Australien und Neuseeland aus. In diesen Ländern, bis Mitte der zwanziger Jahre Hochburgen für amerikanische Traktoren, fanden sich mehr und mehr Sympathisanten für den Lanz-Bulldog, was ständig steigende Einfuhrzahlen belegen.
Dies resultierte mit aus der Tatsache, daß viele Schlepper nicht mit dem australischen Klima und dem dort oft vorherrschenden feinsten sandigen Boden zurechtkamen und versagten. Ein Umstand, der die Tauglichkeit des Lanz-Bulldogs er-

Dieser Glühkopfmotor unten links sollte ab Mitte der dreißiger Jahre die australischen Schlepper antreiben, doch gab es im Leerlauf schier unüberwindbare Schwierigkeiten.

Dieser Koloß unten rechts leistete 70 PS, kam aber nur als Stationärmotor zum Einsatz.

neut unter Beweis stellte, denn der Bulldog bewährte sich in diesen Ländern hervorragend.
Diese Tatsache rief die im Jahre 1903 gegründete Firma McDonald auf den Plan. Die Brüder McDonald kauften sich Ende 1927, Anfang 1928, einen Lanz-Bulldog mit dem Ziel, denselben, vor allem aber den Glühkopfmotor zu zerlegen und zu studieren. McDonald befaßte sich schon kurz nach der Gründung mit dem Motorenbau und nahm noch vor 1905 die Produktion von Motoren auf. Ab etwa 1910 verließen selbstfahrende Zugmaschinen und Straßenwalzen das Werk, wodurch die Firma über genügend Erfahrung im Motoren- und Fahrzeugbau verfügte.
Nach dem Untersuchen und Vermessen des Lanz-Glühkopfmotors wurde zunächst ein ebenfalls langsam laufender, liegender Einzylinder-Glühkopfmotor mit 30/35 PS bei 500 U/min entwickelt, der über einen Zylinderdurchmesser von 9 ½″ (241,3 mm) und einen Hub von 10″ (254 mm) verfügte.
Dieser Motor kam nach seiner Serienreife in Traktoren zum Einbau oder konnte mit geändertem Kurbelgehäuse, Zylinderblock und Schwungrad auch als Stationär-Motor erworben werden.
Das Aussehen des McDonald erinnerte dabei stark an den Fordson-Schlepper, der damals vor allem im amerikanischen Schlepperbau wegweisend war, keineswegs aber an einen Lanz-Bulldog.
Platzmangel machte es notwendig, den Glühkopfmotor verkehrt in den Schlepper einzubauen, wodurch der Zylinderkopf und der Platz für die Lötlampe in den Fahrraum zwischen die Füße des Fahrers plaziert wurden. Die Auslieferung des ersten Schleppers erfolgte im April 1930, nach etwas mehr als zwei Jahren Entwicklungszeit, unter der Typenbezeichnung 53 TX.
Im Jahre 1932 wagte man sich an die Entwicklung eines stehenden Zweizylinder-Glühkopfmotors mit einer Leistung von etwa 60 PS, mit dem Ziel, denselben ebenfalls als Stationär-Motor und im Schlepperbau zu verwenden. Doch nach der Fertigstellung des ersten Prototyps ergaben sich im Leerlauf anscheinend unüberwindliche Schwierigkeiten mit der Treibstoffverteilung auf die beiden Zylinder, weshalb auf den Bau weiterer Motoren dieser Bauart verzichtet wurde.
Im Jahre 1950 ging man dann nochmals daran, den inzwischen in Serie gefertigten, 50 PS starken, liegenden Einzylinder-Glühkopfmotor zu überarbeiten und zu verbessern mit dem Ergebnis einer vierzigprozentigen Leistungssteigerung auf nunmehr 70 PS bei gleichem Kraftstoffverbrauch. Der Motor hatte einen Kolbendurchmesser von 295 mm, einen Hub von 305 mm und eine Drehzahl von 450 U/min. Mit diesen Abmessungen waren wohl die Grenzen des Verträglichen erreicht.
Insgesamt baute McDonald bis in die Mitte der fünfziger Jahre Schlepper mit Glühkopfmotoren. Doch trotz aller Anstrengungen dieser Firma ließ sich eine rasche Verbreitung des Bulldogs in Australien und Neuseeland nicht verhindern, die Einfuhrzahlen stiegen ständig und erreichten bis 1941 etwa 1000 Bulldogs pro Jahr, glaubt man den Zeilen von Prof. Vormfelde.

Mercedes-Benz OE, der Dieselschlepper aus Mannheim

Gewissermaßen in der Nachbarschaft der Lanz-Werke in Mannheim entstand 1928 bei der Firma Mercedes-Benz ein Dieselschlepper mit einem liegenden Einzylinder-Motor, der in Blockbauweise ausgeführt war. Der Hubraum betrug 3,433 Liter beim ersten Modell, der sich dann aber 1929 auf 4,239 Liter erhöhte. Bei dem Motor handelte es sich um einen Vorkammer-Dieselmotor mit einer Leistung von zunächst 24, dann 26 PS. Als Kühleinrichtung diente dem Motor ein übergroßes, auf den Zylinder aufgesetztes Verdampfungsgehäuse, das eine gewisse Ähnlichkeit mit dem Verdampfer-Großbulldog auf den ersten Blick nicht erkennen läßt. Doch würde man das Verdampfungsgehäuse hochkant auf den Motorblock stellen, in der Höhe etwas wegnehmen und nach hinten verlängern, so hätte man den Bruder des Verdampfer-Bulldogs vor sich.
Befaßt man sich mit der Technik und mit der zeitgenössischen Werbung für diesen Schlepper, so kann festgestellt werden, daß mit dem Lanz-Bulldog gemachte Erfahrungen in die Konstruktion des OE-Schleppers eingeflossen sind. So etwa die Verteilung des Gewichts zwischen Vorder- und Hinterachse, um dem Schlepper bestmögliche Zugkräfte zu vermitteln und trotzdem ein Aufsteigen des Schleppers zu verhindern. Erkenntnisse, die man bei Lanz durch Untersuchungen gewonnen hatte und die dann zum Bau des Knick-Lenkers geführt haben.
Oder die Abmessungen der Räder. Die Vorderräder in Durchmesser und Breite genau baugleich, die Hinterräder geringfügig größer und etwas

Der Mercedes-OE-Schlepper mit Dieselmotor von 1929 als Ackerschlepper mit Eisenbereifung, als Verkehrsschlepper mit Elastikbereifung und Beleuchtung sowie als Kühler- oder Tropen-Schlepper, ebenfalls mit Acker-Bereifung.

schmäler und dazu mit bulldog-identischen Greifern bestückt.

Von der Firma Lanz ist bekannt, daß mit dem Bau des ersten HR-Bulldogs großangelegte Versuche stattgefunden haben, bei denen die jeweils besten Greifer für die unterschiedlichen Bodenarten erforscht wurden.

Ließen sich diese Vergleiche auch noch beliebig weiter fortführen, so soll trotzdem an dieser Stelle damit geendet werden. Die Mercedes-Benz-OE-Schlepper gab es in der Ausführung als Acker-Schlepper mit Eisenbereifung sowie als Straßen-Schlepper mit Elastikbereifung, einer mit einer Blattfeder ausgerüsteten Vorderachse und einer schnelleren Getriebeübersetzung. Natürlich konnte auch der Acker-Schlepper mit einer Elastikbereifung und einer gefederten Vorderachse versehen werden.

Mit dem Erscheinen des Lanz-Kühlerbulldogs HR 4 zur Belieferung der wasserarmen und tropischen Länder bot auch Mercedes-Benz wenige Monate später einen Schlepper mit Umlaufkühlung an, der nach damaliger Werbeaussage „praktisch keinen Wasserverbrauch aufweist".

Dieser Schlepper war jedoch nicht der Nachfolger der Verdampfer-Schlepper, sondern eine zusätzliche Ausführung.

Es wird berichtet, daß die Mercedes-Benz-OE-Schlepper dem Hause Lanz ein Dorn im Auge gewesen seien, was wohl verständlich wird, kennt man die näheren Umstände der damaligen Zeit. Lanz soll dem damals führenden LKW-Hersteller Benz mit der Aufnahme einer eigenen LKW-Produktion gedroht haben, sollte Benz diese Schlepper nicht wieder aus dem Programm nehmen.

Die Drohung hatte man im Hause Benz wohl sehr ernst genommen, denn schon Anfang der dreißiger Jahre wurde die Produktion der OE-Schlepper wieder eingestellt. Die Firma Lanz war nun von diesem Mitbewerber befreit, womit sicher die Entscheidung gefallen war, daß nie Lanz-Lastwagen gebaut wurden, die sicherlich auch mit einem Glühkopfmotor ausgerüstet worden wären.

45-PS-Landini.

50/55-PS-HSCS. ***Foto: E. Wegmann***

Ob Landini oder HSCS – die Verwandtschaft mit dem Bulldog ist wohl unübersehbar.

30/35-PS-HSCS-Robuste.

Genau wie der Felddank wurde auch der Elefant-Schlepper als Acker- und Straßen-Schlepper mit stehendem Zweizylinder-Glühkopfmotor geliefert.

Rohöl-Schlepper Elefant mit Zweizylinder-Glühkopfmotor

Auch der Lanz-Felddank-Schlepper mit seinem stehenden Zweizylinder-Glühkopfmotor und einem Fahrwerk mit gefederter Vorder- und Hinterachse (siehe dazu Band 1, Seite 156) fand seine Sympathisanten nicht nur unter den Käufern. Denn viele Konstruktionsmerkmale lassen darauf schließen, daß der Felddank wohl bei dem Mitte der zwanziger Jahre erschienenen Rohöl-Schlepper „Elefant" zumindest vor der Entwicklung genau untersucht wurde.

Schon der aus U-Stahl hergestellte Rahmen mit gefederter Vorder- und Hinterachse und den darauf aufgebauten Motoren- und Fahrraumverkleidungen macht dies deutlich. Verwunderlich ist nur, daß beim „Elefant" auf die schon zu jener Zeit rückständige Drehschemel-Lenkung zurückgegriffen wurde.

Angetrieben wurde er von einem stehenden Zweizylinder-Glühkopfmotor mit 34 PS, bei einer Höchstdrehzahl von 600 U/min. Für das Starten des Motors war für jeden Zylinder eine Heizlampe notwendig. Der Motor verfügte über ein geschlossenes Kühlsystem mit stehendem, auf der Schlepper-Vorderseite angebrachtem Kühler, einer Wasserpumpe und einem vom Motor angetriebenen Ventilator. Im Gegensatz zum Lanz-Felddank kam der Motor beim „Elefant" mit quer zur Fahrtrichtung liegender Kurbelwelle zum Einbau.

Somit konnten die Schwungräder wie beim Bulldog rechts und links außerhalb des Rumpfes angebracht werden. Auf einem der Schwungräder war die Riemenscheibe montiert, die über eine Reibkupplung ein- und ausgerückt wurde.

Der Rohöl-Schlepper Elefant wurde als Acker-Schlepper mit Eisenbereifung oder als Gummi-Schlepper mit Elastikbereifung geliefert, wobei beim Acker-Schlepper zusätzliche Radverbreiterungen angeboten wurden. Den Gummi-Schlepper lieferte die Firma auf Wunsch mit einfachen oder zwillingsbereiften Treibrädern.

Das Getriebe verfügte über zwei Vorwärtsgänge und einen Rückwärtsgang, mit Geschwindigkeiten von 3 und 7 km/h beim Acker-Schlepper, 3,5 und 8 km/h beim Gummi-Schlepper, doch konnte auf Wunsch bei letzterem auch eine kleinere Übersetzung mit größerer Endgeschwindigkeit gewählt werden.

Hergestellt wurde der Schlepper Elefant von der Hanseatischen Motoren-Gesellschaft mbH in Bergedorf bei Hamburg, deren Schwerpunkt der Bau von Schiffsmotoren war. Allerdings wurde die Produktion dieser Rohöl-Schlepper in den ausgehenden zwanziger Jahren wieder eingestellt.

M. A. I. S.-Glühkopfschlepper

Weiter gab es ab 1928 den M.A.I.S.-Schlepper, ebenfalls ein Nachbau des Bulldogs aus Mannheim. Ausgerüstet mit einem liegenden Einzylinder-Glühkopfmotor mit einem Bohrungsdurchmesser und Hub von je 240 mm und quer zur Fahrtrichtung liegender Kurbelwelle, besaß er lediglich zwei Vorwärtsgänge, dafür aber einen Rückwärtsgang.
Der M.A.I.S.-Glühkopfschlepper wurde nur als Acker-Bulldog mit Eisenbereifung geliefert, verfügte über einen Thermo-Syphon-Kühler mit nach Art der Bulldogs auf der Seite angeordneten, auswechselbaren Kühl-Elementen und wurde in bewährter Blockbauweise gebaut.

H. S. C. S.-Schlepper aus Ungarn

Starke Aktivitäten im Glühkopf-Schlepperbau entwickelte die in Budapest in Ungarn angesiedelte Firma H.S.C.S.: Ungarische Maschinenbauwerke Aktiengesellschaft – Hofherr-Schranz-Clyton-Shuttleworth. Schon seit 1891 stellte diese Firma u. a. Dreschmaschinen und die dazu gehörenden Dampflokomobile, als führender Hersteller in Ungarn, her. Ab dem Jahre 1904 wurden stationäre Benzinmotoren mit Glührohrzündung in das Programm mit aufgenommen. 1910 entstand dort der erste HSCS-Selbstfahrer mit einem Petroleum-Motor. Im Jahre 1923 wurde in diesem damals schon respektablen Werk der erste eigene Schlepper mit Benzinmotor hergestellt. Er besaß einen liegenden Einzylinder-Motor mit offenem Kurbelgehäuse, dessen Zylinderkopfseite dem Fahrer zugewandt war. Schon ein Jahr darauf, also 1924, bot die Firma HSCS einen sogenannten Olai-Traktor an. Bei dem hier zum Einbau gelangten Motor handelte es sich um den ersten HSCS-Glühkopfmotor. Die Leistung lag bei 15 PS. Als Lenkung kam eine Drehschemel-Lenkung zum Einbau, wie sie beim 12-PS-HL-Bulldog üblich war. Die Betätigung derselben war jedoch sehr einfach gehalten. Es war eine sogenannte Kettenlenkung, wie man sie von Dampf-Schleppern und Dampfwalzen der damaligen Zeit her kennt. Dieser 15-PS-Glühkopf-Schlepper war der Vorläufer sämtlicher weiterer HSCS-Rohöl-Traktoren. Schnell folgte eine breite Produktpalette mit Leistungen von 20, 26, 28, 30 und weiter steigend bis 50 PS, mit der alle Bedürfnisse vom mittleren Bauernhof bis zum größten Staatshof abgedeckt werden konnten.
Die Schlepper verfügten über den langsam laufenden, liegenden Einzylinder-Glühkopfmotor,

Rechts: HSCS H 25 von 1924, der erste Glühkopf-Schlepper. Foto: E. Wegmann

Unten: H 25 mit 22/20 PS, Baujahr 1925. Foto: E. Wegmann

Unten rechts: K 26, Baujahr 1928. Foto: E. Wegmann

waren mit Getrieben mit zwei Vorwärts- und einem Rückwärtsgang ausgerüstet und ebenfalls in Blockbauweise ausgeführt. Alle Schlepper waren von Anfang an mit einem Thermo-Syphon-Kühler versehen, der teils vorne oder aber auf der linken Schlepperseite angebracht war. Der Ventilator saß wie beim Bulldog in der Schlepper-Mitte und wurde von der Kurbelwelle aus angetrieben, allerdings über einen Flachriemen. Später wurde eine Typenänderung vorgenommen, die Typen R 20/22, R 30/35, K 44/48 und K 50/55 zeichneten die neue Baureihe aus. Bei diesen Schleppern versuchte man, das Aussehen durch

K 40 mit 40 PS, Baujahr 1936.

R 20/20, Baujahr 1940. Foto: E. Wegmann

K 44/48, Baujahr 1939. Foto: E. Wegmann

Bei der Entwicklung der HSCS-Glühkopf-Schlepper zeigt sich eine gewisse Unschlüssigkeit. Hat das erste Modell mit dem verkehrt aufgesetzten Motor noch gewisse Ähnlichkeiten mit dem 12er-HL-Bulldog, so war die zweite Entwicklung eine deutliche Fordson-Kopie. Doch ab 1929 wurden die Schlepper dem Bulldog immer ähnlicher.

R 30/35, Baujahr 1938. Foto: E. Wegmann

R 50/55 – Baujahr 1938

HSCS-Straßen-Schlepper KV 40 und Lanz-Eil-Bulldog D 2539. Foto: E. Wegmann

HSCS-Raupen-Schlepper L 44–48 und Lanz-Raupen-Bulldog D 1550. Foto: E. Wegmann

Blechverkleidungen attraktiver zu gestalten. Doch auch technische Verbesserungen wie etwa verbesserte Getriebe mit drei und vier Vorwärtsgängen, dazu zwei Rückwärtsgänge, in Verbindung mit einer Luftbereifung, machte sie zu ernst zu nehmenden Konkurrenten für den Lanz-Bulldog. Doch damit nicht genug, HSCS erweiterte zur damaligen Zeit als einziger Glühkopfschlepper-Hersteller sein Programm auf Kettenschlepper und bot zunächst zwei Typen an: Den L 25 und den L 40. Nach der Typenänderung standen dann drei Raupen-Schlepper mit den Bezeichnungen L 30/35, L 44/48 und SL 50/55 zur Auswahl, wobei die Typenbezeichnung wie bei den Rad-Schleppern die Leistung in Dauerleistung und Höchstleistung angab.

Als spezielle Straßen-Zugmaschine erschien im Jahre 1940 der Typ KV 40 mit einer Leistung von 40 PS. Der gesamte Aufbau glich sehr dem 55-PS-Eil-Bulldog von Lanz.

Ausgestattet mit einer Zwillingsbereifung an der Hinterachse, Kotflügeln über den Hinter- und Vorderrädern und einem festen Fahrerhaus, war diese Maschine vorwiegend als Industrie-Schlepper gedacht, wurde jedoch vielfach als Zugmaschine für die Armee verwendet. In diesem speziellen Fall war dann ein Klappverdeck vorhanden.

Diese reichhaltige Produktpalette ermöglichte einen Verkauf der Schlepper in ganz Europa bis hinauf nach England, vor allem in den Jahren vor dem Zweiten Weltkrieg, als Lanz trotz eines Drei-Schicht-Betriebes den Bestellungen nicht mehr nachkommen konnte. Damals gab es etliche

Kunden, die sich der Firma HSCS zuwandten, um die langen Lieferzeiten bei Lanz zu umgehen und trotzdem nicht auf den Glühkopf-Schlepper verzichten zu müssen.
Verschiedentlich wurden die Exportmaschinen auch mit dem Zusatznamen „Le Robuste" angeboten, was ganz sicher zutraf.
Nach dem Ende des Zweiten Weltkriegs und der Verstaatlichung aller Betriebe durch die damaligen Machthaber, wurde das Firmenemblem auf dem vorderen Motorblock geändert. Von nun an prangte ein roter Stern auf einem Emailleschild, und von dem stolzen HSCS verblieb ein bescheidenes HS mit dem Beinamen „Vörös Csillag Traktorgyar", was soviel wie Traktor-Fabrik Roter Stern bedeutete.

Mavag Typ T 20–25 mit HSCS-Motor. Man spricht davon, daß dieser Schlepper nach HSCS-Zeichnungen hergestellt wurde, um die große Nachfrage der damaligen Zeit zu bewältigen.
Foto: E. Wegmann

Der MAVAG-Schlepper, ebenfalls aus Ungarn

Als weiterer Hersteller von Glühkopf-Traktoren in ähnlicher Bauweise wie der des Lanz-Bulldogs zählt die Ungarische Königliche Staatliche Eisen-, Stahl- und Maschinenfabrik in Budapest, kurz MAVAG genannt. Diese alte, traditionsreiche Fabrik stellte ab der zweiten Hälfte der dreißiger Jahre für den heimischen Markt einen Glühkopf-Traktor mit der Bezeichnung T 20–25 her, bei dem ein Motor des Typs Hofherr zum Einbau kam. Das Einsatzgebiet dieses Schleppers lag überwiegend im landwirtschaftlichen Bereich, weshalb die Schlepper vorwiegend mit Eisenbereifung geliefert wurden. Der Lüfterantrieb erfolgte wie bei HSCS über einen Lederriemen, ebenso geschah das Vorheizen des Motors mittels einer Heizlampe. Zum Anwerfen waren, wie beim HSCS-Schlepper, am rechten Schwungrad herausziehbare Griffe angebracht, mit denen das Schwungrad gegen die Kompression gependelt werden konnte. Diese Griffe verschwanden nach dem Loslassen wieder in ihrer Versenkung, um keine Unfallgefahren hervorzurufen.

Munktells – der Glühkopf-Schlepper aus Schweden

Einen Glühkopf-Schlepper von besonderer Note, der mit dem Bulldog überhaupt nichts gemeinsam hatte, außer der Tatsache, daß beide Maschinen „mit Glühkopfmotoren ausgerüstete Schlepper" waren, soll an dieser Stelle dem Leser ebenfalls nicht vorenthalten werden.
Es war der in Schweden hergestellte Munktells-Glühkopf-Schlepper der Firma Bolinder-Munktells.
Bolinder-Munktells war eine alteingesessene schwedische Firma, deren Gründung bis in das Jahr 1832 zurückreicht. Schon in den Jahren um die Jahrhundertwende befaßte man sich mit dem Bau von Glühkopfmotoren für stationäre Einsätze. Bald darauf fanden diese Motoren dann auch Verwendung auf Schiffen, wo ihre Zuverlässigkeit geschätzt wurde. Noch vor dem Ersten Weltkrieg widmete sich die Firma dem Schlepperbau für landwirtschaftliche Einsätze.
So entstand schon im Jahr 1913 der erste Schlepper des Typs ME 30/40. Er war mit einem Zweizylinder-Glühkopfmotor ausgerüstet, der bei 550 U/min 40 PS als Höchstleistung abgab, die aus nahezu vierzehneinhalb Litern Hubraum geschöpft wurden. Doch darf man sich hier nun wirklich keinen Schlepper vorstellen, der vergleichbar mit dem Lanz-Bulldog wäre. Der ME 30/40 muß in die Reihe von Pflug-Motoren eingeordnet werden. Allein das Gesamtgewicht von mehr als 8000 kg oder der Kühlwasserinhalt von fast 400 Litern sowie ein Hinterraddurchmesser von 2,10 m sprechen hier für sich.
Dieser Schlepper war jedoch nicht sehr von Erfolg gekrönt, denn in den Jahren von 1913 bis 1915 konnten nur etwa zwei Dutzend Schlepper ihre Käufer finden.
Der Nachfolger, der etwa ab 1915–1916 angeboten werden sollte, erwies sich dann als völlig unbrauchbar für den Einsatz in der Landwirtschaft. Bei einem Gesamtgewicht von immer noch 5000 kg verfügte dieser Schlepper als Kraftquelle

Munktell 1913, der Motorpflug ME 30/40 mit Glühkopfmotor und der moderne Schlepper von 1925 mit stehendem Zweizylinder-Glühkopf-Reihenmotor.

lediglich über einen 18/20 PS starken einzylindrigen Glühkopfmotor, der sich sehr rasch als viel zu schwach erwies. Auch wenn dieser Motor durch einen 20/24 PS starken Motor ersetzt wurde, änderte sich das Verhältnis von Leistung zum Gewicht kaum, und es konnten doch nur wenige Exemplare verkauft werden.

Auch die weiteren Entwicklungen der folgenden Jahre brachten keine nennenswerten Neuerungen hervor. Dies änderte sich allerdings mit dem Erscheinen des eingangs erwähnten Glühkopf-Schleppers von besonderer Note, dem Typ 22, Mitte der zwanziger Jahre.

Die frühzeitige Vorliebe für den Bau zweizylindriger Glühkopfmotoren machte es nun möglich, diesen Schlepper auf eine hohe technische Stufe zu stellen.

In Blockbauweise hergestellt, besaß der Schlepper auf der Stirnseite einen Kühler, hinter dem sich, von Blechhauben geschützt, ein stehender Zweizylinder-Glühkopfmotor mit in Fahrtrichtung liegender Kurbelwelle verbarg. Der Motor arbeitete wie vom Einzylinder-Glühkopfmotor her bekannt, nach dem Zweitakt-Verfahren mit Schlitzsteuerung und Kurbelgehäuse-Aufladung. Zur Abdichtung der Kurbelkammern gegeneinander diente das mittlere Gleitlager der Kurbelwelle. Gestartet wurde der Motor über einen Zerstäuberbrenner, der aus einem Vorratsbehälter mit Verbrennungsluft versorgt wurde, um das zum Anlassen notwendige Gasöl zu zerstäuben. Über die Brennflamme wurde das Gasöl entzündet, um die Zündsäcke der Zylinderköpfe auf Glüh-Temperatur zu bringen. War dies geschehen, so konnte durch das Anheben eines Rückschlagventils an der Anlaßvorrichtung der Motor in Gang gesetzt werden.

Die Probleme des Leerlaufs, wie sie etwa beim Lanz-Felddank und später beim McDonald-Motor auftraten, gab es bei diesem Motor nicht. Er verfügte über keine Regel-Einspritzdüse, sondern wurde durch das Anbringen einer Glühpfanne im Verbrennungsraum, gegenüber der Düsenmündung, in Betrieb gehalten. Um die für den Start notwendige Verbrennungsluft in einen Vorratsbehälter zu pumpen, war einer der beiden Zylinder mit einem Rückschlagventil ausgerüstet, über das ein Behälter vollgepumpt werden konnte. Doch trotz dieser damals modernen Technik in der Glühkopfmotoren-Bauweise beschränkte sich der Verkauf der Schlepper im wesentlichen auf den skandinavischen Raum.

Svenson-Avance-Glühkopfschlepper aus Stockholm

Ähnlich einzuordnen wie die Modellreihe von Bolinder-Munktell sind die Konstruktionen der ebenfalls schwedischen Firma Svenson-Avance, die sich ebenfalls schon seit dem Jahre 1913 mit dem Bau von Traktoren mit Glühkopfmotoren beschäftigte.

Das erste Modell besaß einen stehenden Glühkopfmotor, der eine Leistung von 20 PS abgab. Der gesamte Aufbau war offen ausgeführt, das heißt, daß es sich um eine zerklüftete Konstruktion handelte. Die Motorkühlung erfolgte in einem vorne angebauten Kühlturm. Solche Maschinen waren natürlich für schwere Feldarbeit kaum einzusetzen und ließen sich deshalb nur schwer verkaufen. Eines der wenigen erhalten gebliebenen Exemplare steht heute im Landwirtschafts-Museum Budapest.

Svenson-Avance-Ungetüm mit Glühkopfmotor von 1913 und der moderne Schlepper von 1926 mit stehendem Zweizylinder-Glühkopf-Reihenmotor.
Foto: E. Wegmann

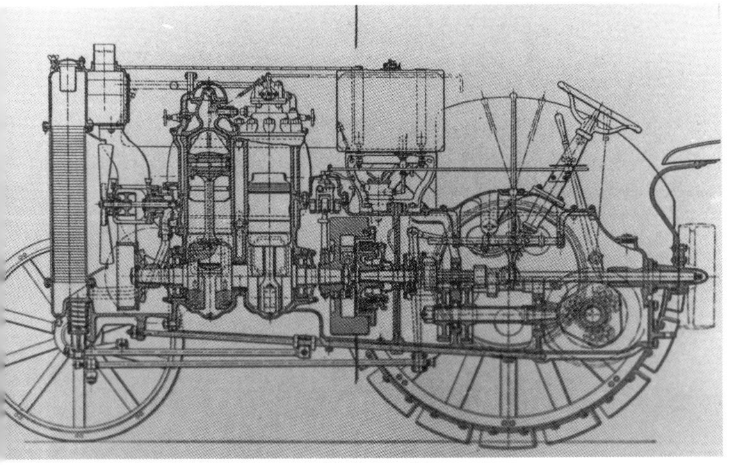

Ganz anders sah es dann schon bei dem Avance-Schlepper aus dem Jahre 1926 aus. Dieser hatte einen konstruktiv harmonisch eingesetzten Zweizylinder-Reihenmotor mit einer Zylinderbohrung von 170 mm sowie einem Hub von ebenfalls 170 mm. Daraus schöpfte er eine Leistung von 30 PS bei 623 Umdrehungen.

Field-Marshall-Bulldog-Kopie mit Dieselmotor

Eine der ältesten und wohl auch bekanntesten Firmen in England, die 1848 gegründete und in Gainsborough ansässige Firma Marshall befaßte sich ebenfalls in den ausgehenden zwanziger Jahren mit dem Bau von Schleppern, die von einem liegenden, langsam laufenden Einzylinder-Zweitakt-Dieselmotor angetrieben wurden.
Der erste Prototyp entstand im Jahre 1929.
Diesem ersten Schlepper folgend, rundete bald ein komplettes Programm die Angebotspalette ab, wodurch breite Ansprüche bäuerlicher Bedürfnisse befriedigt werden konnten. Diese Tatsache unterstützte den Verkaufserfolg nicht nur im eigenen Land, sondern auch in Irland, vor allem aber in Frankreich. Überhaupt war Frankreich zur damaligen Zeit, zusammen mit seinen

Marshall-Dieselschlepper in Vorkriegs-, Nachkriegs- und Raupen-Ausführung. Deutlich läßt sich auch hier die Verwandtschaft mit dem Lanz-Bulldog erkennen.
Foto: E. Wegmann

Kolonien, das Land mit dem größten Bedarf an landwirtschaftlichen Maschinen und Traktoren, was auch die Firma Lanz angenehm zu spüren bekam, denn ein großer Teil der Lanzschen Bulldog-Produktion ging ebenfalls in diese Länder.
Im Juni 1946 wurde das Aussehen durch Blechverkleidungen attraktiver gestaltet und dem damaligen Design angepaßt. Die Technik der Schlepper basierte jedoch weiter auf den Modellen der dreißiger Jahre.
Ab Mitte der fünfziger Jahre wurden Raupen-Schlepper in das Programm aufgenommen. Diese sogenannten „Field-Marshall", diesen Namen bekamen alle nach dem Zweiten Weltkrieg gebauten Maschinen, waren sehr robuste und zuverlässige Produkte. Die Anlaßmethode der Nachkriegs-Motoren war sehr kurios, denn man konnte mittels einer im Zylinderkopf untergebrachten Pulverladung den Motor aus dem Stand heraus anwerfen. Im Jahr 1957 ging in Gainsbourough der letzte Einzylinder vom Band.

45-PS-Vierzon-Schlepper in eisenbereifter Acker-Ausführung und als Acker-Luft-Schlepper mit elektrischer Beleuchtung.

Vierzon-Glühkopf-Schlepper aus Frankreich

Der letzte bekannte Glühkopf-Schlepper-Bau einer fremden Firma vor dem Zweiten Weltkrieg fand in Frankreich statt, von der in Vierzon ansässigen Firma Société Française.
Bereits 1932 erschien das erste Modell mit der Bezeichnung H 1, es wurde auf dem „Salon de la Machine agricole" in Paris der Öffentlichkeit präsentiert. Man schrieb das Jahr 1934. 1941 schrieb dazu Prof. Vormfelde in seinem Bericht:
„Diese Nachahmung (des Lanz-Bulldogs – der Autor) ist aber eine doppelte Anerkennung des

So präsentierte sich der moderne Nachkriegs-Vierzon. Das Schnittbild dieses Schleppers läßt auch hier deutlich die Verwandtschaft mit dem Bulldog erkennen. Foto: E. Wegmann

Huber-Motors, einmal, weil er überhaupt gewählt, und zweitens, weil er dem Dieselmotor vorgezogen wurde, der 1934 ja auch schon seine Brauchbarkeit für die Landwirtschaft erwiesen hatte."

Und er fährt in seinem Bericht fort:

„Aber der Bulldog war bei den Franzosen trotz der ebenfalls eingeführten vielen amerikanischen Schlepper sehr beliebt. Ich selbst habe miterlebt, wie der französische Lanz-Vertreter Jahr für Jahr um die Vergrößerung seiner Einfuhr-Kontingente mit dem Mannheimer Stammhaus kämpfen mußte. Die Einfuhr der Bulldogs nach Frankreich hätte wesentlich höher sein können."

Die Firma in Vierzon bot im Laufe der Zeit ihren Kunden ebenfalls ein mehrere Schlepper-Typen umfassendes Programm mit Leistungen von 20–50 PS an.

Le Percheron, französischer Lanz-Bulldog mit 25 PS.

Le-Percheron-Glühkkopf-Schlepper nach Lanz-Zeichnungen

Des weiteren reiht sich in die Großfamilie der dem Bulldog verwandten Modelle der französische „Le Percheron" ein. Eine Maschine, die allerdings baugleich mit dem D 7506, dem 25-PS-Acker-Luft-Bulldog ist. Man erzählt, daß in den Jahren vor dem Krieg, oder auch schon in den ersten Kriegsjahren, ein Lizenzabkommen mit dem französischen Werk geschlossen wurde, wonach das Bulldog-Modell D 7506 für den französischen Markt künftig in Frankreich gebaut werden sollte.

Dadurch war es möglich, das zu jener Zeit aus allen Nähten platzende Mannheimer Werk zu entlasten und gleichzeitig die Produktion zu steigern.

Erste Le-Percheron-Bulldogs wurden noch vor dem totalen Krieg fertiggestellt. Hier soll es jedoch anfänglich zu größeren Schwierigkeiten bei der Inbetriebnahme der Motoren gekommen sein, die oft gar nicht oder nur unregelmäßig liefen. Dies verzögerte zunächst die Auslieferung der Schlepper und verhinderte damit die Anfertigung einer größeren Anzahl Maschinen dieses Typs bis zum Jahr 1945. Bei diesen Maschinen war auf dem Steigrohr neben dem eigenen Firmenzeichen in kleinen Buchstaben „Système LANZ" zu lesen.

Direkt nach dem Krieg, als das Mannheimer Werk in Schutt und Asche lag, soll das französische Werk auf eigene Faust die Le-Percheron-Bulldogs weitergebaut und zugleich die Ersatzteile-Versorgung der in Frankreich laufenden Lanz-Bulldogs übernommen haben, was nach der Normalisierung Deutschlands in den ausgehenden vierziger Jahren zu Verhandlungen vor einem Gericht führte und die Firma Le Percheron zur Zahlung einer Geldstrafe und der ausgebliebenen Lizenzgebühren verurteilt wurde.

Bei den Le-Percheron-Bulldogs aus dieser Epoche wurde zunächst die Angabe „Système LANZ" auf dem Steigrohr aus dem Guß herausgeschliffen, bevor das Firmen-Emblem geändert wurde.

Danach tauchte dieser Schriftzug wieder auf.

Alle Le-Percheron-Bulldogs haben das stilisierte französische Percheron-Kaltblutpferd oder auch nur den Kopf eines solchen Pferdes als Firmenzeichen auf dem Stirnschild am Steigrohr.

Die nach den Verhandlungen noch gefertigten Le-Percheron-Bulldogs verfügen sogar über den vom Lanz-Bulldog gewohnten Rahmen, wie er auf einem der Farbbilder zu sehen ist.

URSUS – Der Bulldog-Nachbau aus Polen

Bei den URSUS-Traktoren handelt es sich ebenfalls um einen detailgetreuen Bulldog-Nachbau aus Mannheim!

Es geht gewissermaßen um den Weiterbau des 45-PS-Acker-Luft-Bulldogs nach dem Kriege in Polen. Doch vorab ist wichtig zu wissen, daß die Firma Heinrich Lanz schon unter ihrem Firmengründer verschiedene regionale Werksfilialen er-

Ursus, polnischer Lanz-Bulldog mit 45 PS. Foto: E. Wegmann

Der Ursus auf einer polnischen Briefmarke der fünfziger Jahre.

richtete. So auch für den Ostbereich die Filiale Breslau für Schlesien, sowie Königsberg für Ost- und Westpreußen. Ebenso gab es in Rostow am Don eine Filiale für Rußland.

Allein die Filiale Breslau zählte am 1. Mai 1909, am Tage ihres 25jährigen Bestehens, bereits 50 Mitarbeiter.

Diese Filialen entwickelten sich im weiteren Verlauf zu regelrechten Reparatur- und Instandsetzungsbetrieben mit großen Ausmaßen. Im Verlaufe des Zweiten Weltkrieges und dem sich abwickelnden Ostfeldzug, bei dem viele Lanz-Bulldogs auch zu Kriegsteilnehmern wurden, hatten diese Stellen die Aufgabe regelrechter Reparaturwerke. Nach dem Einmarsch der sowjetischen Truppen wurden diese Anlagen besetzt und geräumt. Das gesamte noch vorhandene Inventar wurde in den Raum Warschau transportiert und gesammelt, um daraus die URSUS-Traktorenwerke entstehen zu lassen. Dort wurde dann bis zum Ende der fünfziger Jahre hauptsächlich der 45-PS-Acker-Luft-Bulldog, aber auch ein gleichstarker URSUS-Bulldog mit gefederter Vorderachse und einer schnelleren Getriebeübersetzung hergestellt, die etwa dem Lanz-Verkehrs-Bulldog entsprachen. Die URSUS-Bulldogs wurden so originalgetreu nachgebaut, daß Abweichungen nur im Detail festzustellen waren. Eine Zeitschrift aus der damaligen Zeit berichtet von über 11000 Traktoren, die jährlich die Mechanischen Werke URSUS verlassen haben sollen.

Der KL-Bulldog, Lizenz-Bulldog aus Australien

Nicht unerwähnt darf der in Australien von der Firma Kelly & Lewis hergestellte KL-Bulldog bleiben. Seine Hersteller, die in Springvale, Viktoria, beheimatet waren, bauten zum Ende der vierziger Jahre nach Original-Unterlagen und Zeichnungen von Lanz das Modell „N“ in Lizenz. Das Modell N war die Exportausführung des Lanz-Bulldogs D 8506, jedoch nicht mit 35 PS, sondern mit 40 PS, welche aus einer etwas erhöhten Drehzahl resultierten. Untersuchungen vom März 1950 hatten deutlich gemacht, daß der 35-PS-Lanz-Bulldog bei einer Erhöhung der Drehzahl auf 599 Umdrehungen in der Minute 43,1 PS leistete.

Begonnen hatte die Firma Kelly & Lewis Anfang der dreißiger Jahre als Importeur von Lanz-Produkten. Noch in der zweiten Hälfte desselben Jahrzehnts erwarben sie die Unterlagen für den Lanz-Bulldog, doch kam es vor dem Krieg nicht mehr wie geplant zum Bau desselben. Im Jahre 1938 wurde bei KL zunächst ein Glühkopf-Stationärmotor gebaut, der bei 600 U/min ca. 30 PS leistete. Dieser Motor vom Typ H.I. hatte zwar mit dem Lizenzbau nichts zu tun, besaß aber doch einige typische Merkmale des Lanz-Glühkopfmotors. So etwa die gesamte Zylinderkopf-Partie und die Art und Anordnung der Schmierung.

Anfang der fünfziger Jahre stellte die Firma einen weiteren, kleinen Glühkopfmotor mit wesentlich höherer Drehzahl her. Es handelte sich hierbei

KL – Kelly & Lewis, australischer Lanz-Bulldog mit 40 PS.

um den Typ KDB mit 1000 Umdrehungen in der Minute, den es mit Leistungen von 2,5 bis 6 PS gab.

Bis zum Jahr 1953 wurden etwa 800 KL-Bulldogs gebaut, dann entschloß man sich zur Einstellung der Fertigung. Eine hohe Zahl von Kurbelwellenbrüchen, auch Gußbrüche tragender Bulldogteile, ließen dem KL-Bulldog einen schlechten Ruf vorauseilen. Die Kundschaft verlangte wieder den Bulldog aus Mannheim.

Bulldog-Kopie in Südamerika

Genauso wie in Polen und Frankreich der Bulldog detailgetreu nachgebaut wurde, gab es in Südamerika ebenfalls eine Firma, die sich mit dem Nachbau der Bulldogs beschäftigte. Nur im Gegensatz zu den schon sehr dürftigen Quellen der polnischen und französischen Bulldog-Produkte gibt es über Südamerika überhaupt nichts. Nicht, daß es an Recherchen gefehlt hätte, doch die wenigen Leute, bei denen alle Spuren zusammenlaufen, sind inzwischen verstorben.

Nur das bis heute sehr gut funktionierende Gedächtnis des Herrn Huber kann uns bescheidene Auskunft geben, hatte er doch damals selbst mit der Sache zu tun.

Was war geschehen?

Von seiner südamerikanischen Firma lag eine Reklamation vor, in der im Unterton der Vorwurf der Sabotage mitschwang. Ein harter Vorwurf gegen Lanz.

Doch beginnen wir von vorne.

Während der Kriegsjahre konnten in viele Länder der Welt keine Ersatzteile oder gar neue Bulldogs geliefert werden, außer in die von der Wehrmacht besetzten Gebiete. Dies änderte sich auch in den ersten Nachkriegsjahren nur wenig. Hiervon waren die Länder Südamerikas sehr stark betroffen. Da aber gerade in diesen Ländern dringend neue Schlepper gebraucht wurden, versuchte sich eine Firma in Argentinien in den ausgehenden vierziger Jahren mit dem Nachbau von Bulldogs der oberen Leistungsklasse, denn auch hier hatte man die Vorteile des Bulldogs schätzen gelernt und wollte deshalb nicht auf ihn verzichten. Da es bei diesem Bulldog-Nachbau zunächst jedoch erhebliche Schwierigkeiten gab, nahm die argentinische Firma, deren Name uns heute leider nicht mehr bekannt ist, etwa 1950 mit Lanz in Mannheim Verbindung auf. Daraufhin wurde kein geringerer als der Leiter der Kundendienstabteilung selbst, Herr Pohl, nach Argentinien beordert, um die Zusammenarbeit mit Lanz zu koordinieren. Außerdem wurden wichtige, in Argentinien angefertigte Konstruktionszeichnungen nach Mannheim geholt, um sie im Konstruktionsbüro mit den Originalen zu vergleichen.

Hier kann sich Herr Huber noch genau erinnern, daß diese Zeichnungen offensichtlich von einem zerlegten Bulldog abgenommen worden sind, da sie in hohem Maße mit den Originalen übereinstimmten. Dies galt auch für komplizierte Bauteile wie etwa das Getriebegehäuse, was er damals selbst zu überprüfen hatte. Nicht nur die Nennmaße stimmten überein, selbst die Toleranzangaben hatte man nahezu richtig getroffen.

Nach geringfügigen Korrekturen wurden die Zeichnungen zur Fertigung freigegeben, und die Produktion im fernen Land konnte beginnen.

Einige Bulldogteile wurden damals auch von Mannheim bezogen, da man in Argentinien noch

nicht genügend Erfahrung mit Bulldogs besaß und auch die Werkzeugmaschinen nicht in der benötigten Menge zur Verfügung standen.
So auch der gerade verzahnte, im Durchmesser sehr große Differentialzahnkranz. Das Ritzel hierzu wurde jedoch in Südamerika hergestellt.
Zunächst schien sich alles gut entwickelt zu haben, Herr Pohl war wieder nach Mannheim zurückgekehrt, und die ersten „Argentinien-Bulldogs" verließen die Werkshallen.

Doch dauerte es nicht lange, bis die ersten Reklamationen kamen und Herr Pohl wieder nach Südamerika reisen mußte.
Großen Ärger bereitete damals die Zerstörung mancher Getriebezahnräder. Dies vor allem deshalb, weil dieser Schaden bei allen Bulldogs auftrat, nachdem sie gefahren wurden. Und das genau an der Stelle, wo die aus Mannheim bezogenen und die in Südamerika gefertigten Zahnräder gegeneinander in Eingriff kamen. Die

Typenübersicht mit Fahrgestellnummern

152295 – 152803	HR 9	55-PS-Eil-Bulldog	1945 – 1954
155001 – 155150	HRG 9	55/50-Gas-Eil-Bulldog Zweistoff-Verfahren	1941 – 1943
156001 –	HRO 9	55-PS-Reingas-Eil-Bulldog	1943 – 1945
186587 – 188890	HN 5	20-PS-Bauern-Bulldog	1949 – 1952
2 ..... – 218395	HN 3	25-PS-Allzweck-Bulldog	194? – 1952
255001 – 263355	HE	16-PS-Allzweck-Bulldog	1950 – 1952
509186 – 511232	HN 3	25-PS-Bulldog	1945 – 1952
520001 – 521864	HNG 3	25/20-PS-Acker-Luft-Bulldog Zweistoff-Verfahren	1941 – 1943
523001 – 524437	HNO	25-PS-Acker-Luft-Bulldog Reingas	1943 – 1945
525001 – 525218	HNO-U	25-PS-Rückbau auf Glühkopfmotor	1946
526001 – 526029	HN 3	25-PS-Weinberg-Bulldog	1950 – 1952
527001 – 531367	HN 5	20-PS-Allzweck-Bulldog	1950 – 1952
644864 – 656 ...	HR 7	35-PS-Bulldog	1948 – 1955
	HR 8	45-PS-Bulldog	1945 – 1955
	HR 8	55-PS-Bulldog	1950 – 1955
680001 – 680313	HRG 7	35/30-PS-Acker-Luft-Bulldog Zweistoff-Verfahren	1942 – 1943
	HRG 8	45/40-PS-Acker-Luft-Bulldog Zweistoff-Verfahren	1942 – 1943
683001 – 684017	HRO 8	40-PS-Acker-Luft-Bulldog Reingas	1943 – 1945
	HRO 7	32-PS-Acker-Luft-Bulldog Reingas	1943 – 1945
685001 – 685108	HRO-U	40-PS-Rückbau auf Glühkopfmotor	1946
	HRO-U	45-PS-Rückbau auf Glühkopfmotor	1946
	HRO-U	55-PS-Eil-Bulldog Reingas und Zweistoff-Verfahren, Rückbau auf Glühkopfmotor	1946
700001 – 702437	HRK	55-PS-Raupen-Bulldog	1937 – 1946

Die Originalliste, von der diese Tabelle abgeleitet ist, stammt aus dem Jahr 1942. In der Zwischenzeit gewonnene neue Erkenntnisse wurden in der hier vorliegenden Liste schon berücksichtigt. Deshalb ist beim Vergleich mit den Daten von 1942 eine gewisse Vorsicht geboten.

Firma Lanz mußte in der Sache harte Vorwürfe entgegennehmen.
Mit dieser heiklen und dazu ganz besonders kitzligen Sache wurde Herr Huber betraut, der damals gerade begann, sich auf Zahnräder und Zahnradberechnungen zu spezialisieren. Herr Huber ließ sich per Eilpost eine Ritzelzeichnung aus Argentinien zusenden, um diese zu überprüfen. Hier zeigte sich sehr schnell, wo der Fehler lag. Der Modul der Zahnräder stimmte nicht überein!
Der Modul ist ein wichtiger Faktor bei der Herstellung von Zahnrädern, der die Teilung der Zähne bestimmt. Das heißt, es können nur Zahnräder mit gleichem Modul gegeneinander in Eingriff kommen.
Eine Verzahnung von besonderer Güte hatte zu jener Zeit der Schweizer Ingenieur Maag entwickelt, das sogenannte V-Getriebe, wie man es heute nennt.
Es würde jedoch zu weit führen, die technischen Besonderheiten des Maagschen Getriebes zu erklären, nur soviel sei gesagt:
Diese Getriebe benötigen einen größeren Achsabstand. Da jedoch bei vorhandenen Getrieben mit herkömmlichen Achsabständen eine Änderung einzelner Zahnräder nicht eingeführt werden konnte, hatte Maag schlauerweise den Modul um ein geringes Maß verkleinert, nämlich prozentual genau um das Maß des größer werdenden Achsabstandes. Nehmen wir an, die Argentinier arbeiteten mit dem Modul 5, so verwendete Lanz den Maag-Modul von 4,9813.
Dies war die Ursache allen Ärgers, Lanz hatte die Bulldogzahnräder mit dem Maag-Modul gefertigt, die Argentinier hingegen fertigten ihre Zahnräder ahnungslos mit Normalmodul. Sie hatten den geringen Unterschied beim Ausmessen der Lanz-Musterritzel ignoriert und das Maß einfach aufgerundet. Das Zusammenlaufen der Zahnräder mit den unterschiedlichen Modulen, und sei der Unterschied auch noch so gering, ist unmöglich. Das Getriebe hakt und zerstört sich selbst.
So konnte diese Angelegenheit in wenigen Stunden geklärt und zum Guten gewendet werden. Lanz sandte einige Originalritzel zur Erprobung nach Südamerika, die dann auch einwandfrei arbeiteten. Ebenso sandte man die Spezialwerkzeuge für die Maag-Modulherstellung nach Argentinien, und die Fertigung konnte anlaufen.

Der Bericht „Glühkopf-Schlepper, Nachbauten und Lizenz-Bulldogs“ erhebt keinen Anspruch auf Vollständigkeit.

Egon Wegmann

Mitautor: Egon Wegmann
Der Mitautor:
Egon Wegmann, geb. 1941, erlernte den Beruf des Maschinenschlossers. Anschließende Tätigkeiten in Bereichen der Motoren-, Fahrzeug- und Agrarhelicopter-Technik weckten in ihm vor Jahren das Interesse am Lanz-Bulldog und dessen Technik. So blieb es nicht aus, daß er sich intensiv für artverwandte Konstruktionen interessierte. Durch jahrelange Recherchen im In- und Ausland entstand eine Fülle von Informationsmaterial, das hier teilweise zur Veröffentlichung kommt.
Gerne nimmt er Anregungen, dieses Thema betreffend, entgegen oder gibt weiter Auskünfte.

Zur folgenden Doppelseite: Das Anheizen eines Bulldogs: Früher zwingende Notwendigkeit, heute fast ein Ritual, das immer seine Zuschauer findet, wie hier auf einem Bulldog-Treffen bei Krefeld.
Foto: Chr. Oehring